河南高乐山国家级自然保护区
发展纪实
（2016 — 2021）

河南高乐山国家级自然保护区管理局 编

黄河水利出版社

·郑 州·

图书在版编目（CIP）数据

河南高乐山国家级自然保护区发展纪实：2016—2021/
河南高乐山国家级自然保护区管理局编 . —郑州：黄河水利
出版社，2022.10
ISBN 978-7-5509-3439-9

Ⅰ．①河… Ⅱ．①河… Ⅲ．①自然保护区－概况－河
南－2016—2021 Ⅳ．① S759.992.61

中国版本图书馆 CIP 数据核字（2022）第 216842 号

组稿编辑：杨雯惠 电话：0371-66020903 E-mail：yangwenhui923@163.com

出 版 社：黄河水利出版社 网址：www.yrcp.com
　　　　　　地址：河南省郑州市顺河路黄委会综合楼 14 层 邮编：450003
发行单位：黄河水利出版社
　　　　　　发行部电话：0371-66026940、66020550、66028024、66022620（传真）
　　　　　　E-mail：hhslcbs@126.com
承印单位：河南欣达印务有限公司
开本：787 mm×1 092 mm 1/16
印张：19.5
字数：310 千字 插页：12
版次：2022 年 10 月第 1 版 印次：2022 年 10 月第 1 次印刷

定价：285.00 元

《河南高乐山国家级自然保护区发展纪实（2016—2021）》编纂委员会

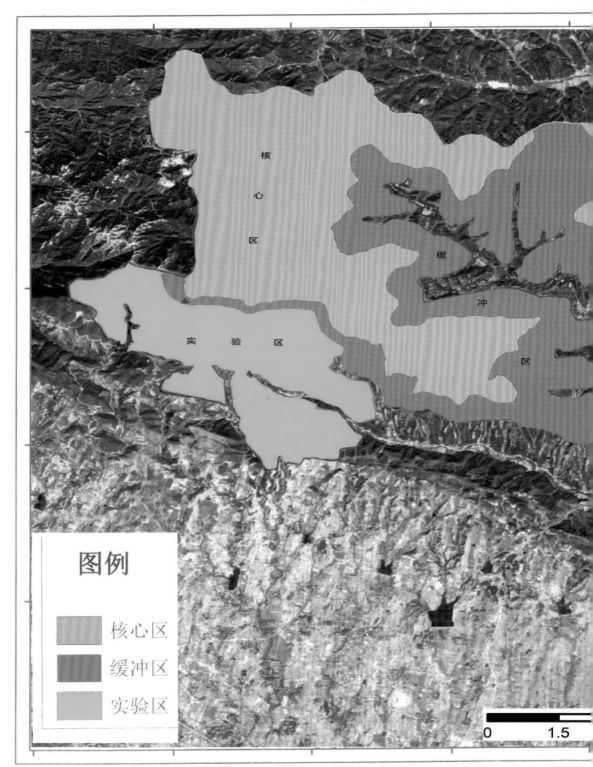

核
心
区

缓
冲
区

实　验　区

图例

核心区

缓冲区

实验区

0　　　　1.5

保护区功能区划图

河南高乐山国家级自然保护区管理局办公楼

国家林业局颁发的"河南高乐山国家级自然保护区"证牌

2019 年 4 月 16 日，河南省林业厅厅长秦群立（右一）等领导一行，在桐柏县委书记莫中厚（右二）、县林业局局长袁德海（左三）陪同下，到高乐山自然保护区检查植被恢复工作。

2019 年 4 月 19 日，南阳市市长霍好胜（左一）一行，在桐柏县委书记莫中厚（右二）、县长贾松啸（右一）、县林业局局长袁德海（左二）的陪同下，到高乐山自然保护区检查指导生态治理修复情况。

2017 年 5 月 17 日，南阳市林业局局长赵杰（前排右三）、副局长裴朝辉（前排左一），在时任桐柏县县长贾松啸（右二）、县林业局局长朱盛（右一）陪同下，到高乐山自然保护区检查指导工作。

2017 年 8 月，中国林场协会会长姚昌恬（左二）、国家林业局林场种苗司副司长（时任中国林场协会秘书长）付光华（右一）、河南省林业厅保护处副处长郑红卫（右二）到高乐山自然保护区调研，保护区管理局局长付明常（左一）陪同。

2018 年，国家环保部等七部委环保指导组一行，在南阳市林业局副局长吴子献（右二）、桐柏县副县长焦运付（右三）、保护区管理局局长付明常（左五后）和副局长韩涛（右四）陪同下，到高乐山自然保护区检查指导生态修复工作。

2018 年 2 月 23 日，桐柏县委书记莫中厚（右二）、县长贾松啸（右三）、县委办主任徐文磊（左四）带领县国土局局长严克杰（右一）、环保局局长李勇（左三）、林业局局长袁德海（左五）和副局长李杰（左一）等相关单位领导，在保护区管理局局长付明常（左二）陪同下，到高乐山自然保护区检查指导工作。

2018年6月7日，桐柏县时任县委书记莫中厚（左一）、县林业局局长袁德海（左二）在保护区管理局局长付明常（右一）的陪同下，到高乐山自然保护区检查指导植被恢复情况。

2018年6月19日，桐柏县时任县长贾松啸（右一）在县林业局局长袁德海（右二）、保护区管理局局长付明常（右三）的陪同下，到高乐山自然保护区检查指导生态修复工程。

环保遥感监测点

编　　　号：HEN-7-1(2018)
面　　　积：10.35亩
责任单位：桐柏县国土资源局
整改措施：恢复植被
　　　　　（湿地松、柏树混交）
2018年4月18日

2018年6月27日，河南省森林公安局刑警支队冯松处长（左三）、韩伟科长（左一）一行，在保护区管理局局长付明常（右二）、副局长韩涛（右三）陪同下，到高乐山自然保护区现场查看遥感监测点治理恢复情况。

2018年7月2日，南阳市环保局副局长贾玮（右三）、市林业局保护站站长王庆合（右二），在保护区管理局局长付明常（右一）、副局长韩涛（左三）和县环保局副局长孙立新（左二）的陪同下，到高乐山自然保护区检查指导生态治理修复工作。

2018 年 7 月 17 日，国家六部门联合检查组，在南阳市林业局保护站站长王庆合（左六）、桐柏县环保局副局长孙立新（左三）、保护区管理局局长付明常（左二）、副局长郑国辉（左一）陪同下，到高乐山自然保护区逐点验收"绿盾 2017、2018"遥感点位并销号。

2018 年 11 月 1 日，国家林业和草原局安丽丹处长（左三）、河南省林业厅保护处处长卓卫华（左二）和副处长赵新振（左五）等一行，在保护区管理局局长付明常（左一）、副局长韩涛（右一）陪同下，到高乐山自然保护区考察。

2018年12月28日，国家林业局武汉专员办领导一行，由南阳市林业局副局长吴子献（右一）陪同，到高乐山自然保护区检查"土地利用变化"遥感点生态治理修复情况，保护区管理局局长付明常（左一）现场汇报工作。

2019年4月7日，河南省环保厅副厅长王朝军（左一）、南阳市环保局副局长贾玮（右二）一行，到高乐山自然保护区检查指导工作，保护区管理局局长付明常（右一）陪同。

2019 年 4 月 28 日，时任桐柏县政协主席赵丰璞（中）在保护区管理局局长付明常（右一）等陪同下，到高乐山自然保护区检查指导工作。

2019 年 10 月，河南省林业厅厅长原永胜（左二）在时任桐柏县委书记莫中厚（右二）、县林业局局长袁德海（右一）陪同下，到高乐山自然保护区检查指导工作。

2020 年 1 月 27 日，南阳市林业局副局长方成（右一）等到高乐山自然保护区检查植被修复情况，保护区管理局局长付明常（左一）陪同。

2020 年 5 月 14 日，河南省自然资源厅副厅长杜中强（前右三）在时任桐柏县县长贾松啸（左二）、副县长李亚松（右一）、县自然资源局局长严克杰（右二）、保护区管理局局长付明常（左一）陪同下，到高乐山自然保护区检查调研。

2020 年 8 月 29 日，河南省林业局局长原永胜（左一）、南阳市林业局局长余泽厚（左二）在时任桐柏县县长贾松啸（右一）、县林业局局长袁德海（右四）陪同下，到高乐山自然保护区及周边乡镇指导工作。

2020 年 10 月 27 日，时任桐柏县副县长陈小鹏就高乐山自然保护区生态治理修复情况接受了南阳市电视台记者的现场采访。

2021 年 3 月 10 日，南阳市林业局野生动植物保护站站长王庆合（左三）在保护区管理局局长付明常（左二）陪同下，到高乐山自然保护区吴山保护站为动植物监测和实习基地挂牌。

2021 年 3 月 26 日，北京林业大学生态与自然保护学院院长／教授徐基良（左二）、中国林业科学研究院副研究员薛亚东（右二）、中国林业科学研究院副研究员马强（左一）、河南省林业局保护处副处长赵新振（右一）、南阳市林业局副局长方成（右三）一行，在保护区管理局局长付明常（左三）陪同下，到高乐山自然保护区调研。

2021年3月28日，国家林草局国家级自然保护区管理评估专家组一行，到高乐山自然保护区实地核查并召开工作汇报会。北京林业大学生态与自然保护学院院长／教授徐基良（左三）、中国林业科学研究院副研究员马强（左四）、中国林业科学研究院副研究员薛亚东（左一）、河南省林业局保护处处长开建农（左二）、省林业局保护处副处长赵新振（右一）及南阳市林业局副局长方成、科长程云等参加评估会。

2021年4月19日，南阳市自然资源局局长王放（左二）、时任桐柏县县长贾松啸（右二）和副县长李亚松（右一）一行，在县自然资源局局长严克杰（左三）、保护区管理局书记张小河（左一）陪同下，到保护区调研生态修复工作。

2021 年 5 月 26 日，国家生态环境部南京环境科学研究所欧阳琰博士后（左二）等专家一行，在保护区管理局局长付明常（右一）陪同下，到高乐山自然保护区开展土地利用变化监测评估工作。

2021 年 6 月，河南省发改委农经处副处长李宁（左二）、南阳市发改委副主任殷广生（左四），在保护区管理局局长付明常（左三）、副局长韩涛（右一）陪同下，到高乐山自然保护区指导工作。

2021 年 10 月 20 日，桐柏县县长党建凯（右一）、副县长程远甫（左一），在县林业局局长周晨阳（右二）、保护区管理局局长付明常（左二）陪同下，到高乐山自然保护区调研并现场办公。

2021 年 10 月 22 日，桐柏县副县长秦德阳（右一），在保护区管理局局长付明常（左一）陪同下，到高乐山自然保护区指导生态修复管护工作。

2021 年 11 月 20 日，桐柏县副县长程远甫（右二）、县林业局局长周晨阳（左二），在保护区管理局局长付明常（左一）陪同下，到高乐山自然保护区指导工作。

2021 年 12 月 15 日，河南省林业局保护处处长赵蔚（时任林场处处长）（右三）等一行，在保护区管理局局长付明常（左二）、县林业局副局长顾尧豹（左三）、保护区管理局副局长郑国辉（左一）陪同下，到高乐山自然保护区检查指导工作。

河南高乐山国家级自然保护区位置图

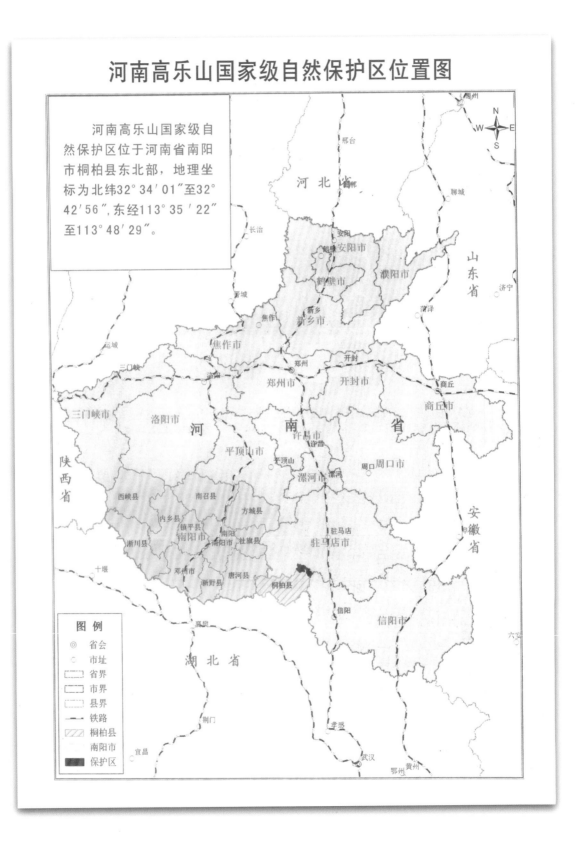

序

这是一个奋发图强的年代，这是一个风暴之下英勇搏击的岁月，这是一页写满惊叹号的历史。

站在生态保护的历史关头，高乐山保护区人不畏前途艰辛、不惧沟沟坎坎，毅然踏上申报之路，经历了无数个不眠之夜和千百次的奋笔疾书，保护区人成功了。面对因对建保护区不解而愤怒不休的人们，他们苦口婆心、耐心十足，无数次的阐释、无数次的交谈，终于抚平了人们的心火。遭遇追逐无限利润的资本，他们直面挑战、勇往直前，终于赢得了一片蓝天。面对无数个荒芜之地、陈坑废池，他们选择了坚守初衷，筚路蓝缕，在北风怒号中、在炎炎烈日下，挥锄翻土，挑担浇水，擦一把额上的汗水、抖一抖身上的尘土，终于，他们创造了一片又一片的绿。

虽然风餐露宿的日子渐渐远去，湮没的扬尘飞烟也已了无踪影，荒芜的陈坑废池已然满眼青绿，但当年那一次次艰辛的跋涉，一个个鲜活的场面，历历昔日事，分明在眼前。现如今，保护区的勇士们一如既往地活跃在崇山峻岭之中，挥锹洒汗之间，他们依然在纵横驰骋。

2021年5月，河南高乐山国家级自然保护区迎来晋升5周年。时光虽短，但却是其发展历史上注定不平凡的五年。为总结成长的历程和展示奋斗的成果，为今后发展提供借鉴，保护区管理局决定编纂《河南高乐山国家级自然保护区发展纪实（2016—2021）》。

随着我国经济的快速发展，生态环境遭到破坏的现象时有发生，而且有愈演愈烈的趋势。高乐山国家级自然保护区也同样面临着诸多生态问题，这些问题盘根错节，已是沉疴积弊。在利益的驱使下，非法侵占林地，掠夺自然资源，保护区内矿藏肆意开采，厂房随意扩建，机器轰鸣响，车辆昼夜转，废土随意堆放，污水横流，地表塌陷，到处千疮百孔，乌烟瘴气。因矿产资源的开采加工产生大量的粉尘及有害气体，对该区域空气造成严重污染，对周边群众的生产生活安全、对栖息生活在这片林地上的野生动物繁衍生息造成严重干扰，乱捕滥杀动物、乱砍滥挖植物现象时有发生，监管缺乏强有力的队伍和措施，造成了保护区混乱无序的局面，导致昔日的绿树青山变成了荒山秃岭。面对困难和挑战，高乐山保护区人迎难而上、不畏艰险，采取了多项有力措施，联合相关部门，迅速扭转了局面，保护了一片绿地和蓝天。

本书共分为六个部分。第一章自然保护区概述，全面介绍了中国自然保护区及河南省自然保护区的发展历程；第二章高乐山自然保护区综述，对高乐山的基本情况做了全面介绍；第三章高乐山自然保护区申报，详述了保护区从申报省级自然保护区到晋升国家级自然保护区的艰辛历程；第四章高乐山自然保护区建设，全面介绍了保护区的生态修复、严格执法、严格管护等工作；第五章精心组织，科学考察谱新篇，为保证考察的严谨性，与有关科研院所、科技公司合作，分别对野生植物、野生动物、土地利用变化、环境空气质量变化进行了为期 1～2 年的科学考察，摸清了家底，并进行了科学评估，为今后的发展提供了坚实基础；第六章使命担当，砥砺奋进再出发。生态环境保护是世界性的大事，保护区的建立和发展是生态环境保护的重要环节，面对无比艰辛而崇高的使命，初心不变。继往是为了开来，总结是为了创新，在未来充满挑战的新征程中，保护区人一定能够坚定信念，战胜一切艰难险阻，不负韶华，谱写新的华章。试看将来之寰球，必是绿色之世界。

忆往昔，磨难有成；看今朝，万紫千红；展未来，无限神往。书写这段历史，是为了与经历过这段历史及后来者身影交错、携手同游，共同回顾奋斗历程的波澜，经历事业有成的前行，体味人生的豪迈，感悟人生的遗憾，把握人生的真谛。

付明常

2022 年 6 月

目　录

第一章 自然保护区概述

第一节 中国自然保护区建设进程

自然保护区是指对有代表性的自然生态系统、珍稀濒危野生动植物物种的天然集中分布有特殊意义的自然遗迹等保护对象所在的陆地、陆地水域或海域，依法划出一定面积予以特殊保护和管理的区域。自然保护区对促进国民经济持续发展和科技文化事业发展具有十分重大的意义。

我国自然保护区建设事业是随着新中国成立之初对自然资源保护管理的迫切需要而发展起来的。自然保护区的建立为保护自然环境和自然资源，维护自然生态的动态平衡，保持物种的多样性，维持生态系统和自然资源的永续发展与持续利用，保护特殊有价值的自然人文地理环境，考证历史、评估现状、预测未来等提供研究基地。1956 年，经国务院批准，中国科学院华南植物研究所在鼎湖山建立了以保护南亚热带季雨林为主的我国第一个自然保护区——广东鼎湖山自然保护区，从此拉开了中国建立自然保护区的序幕。鼎湖山自然保护区的建立，不仅是开创了我国自然保护区事业的先河，填补了我国自然科学发展的空白，也标志着我国自然资源和自然环境保护进入了崭新阶段。

一、我国保护区发展历程

从 20 世纪 50 年代中期设立第一批自然保护区至今，历经 60 余年的实践和发展，我国自然保护区数量从无到有，面积从小到大，类型从单一到全面，能力建设从弱到强，基本形成了类型比较齐全、布局基本合理、功能相对完善的自然保护区网络，建立了比较完善的自然保护区政策、法规和标准体系，构建了比较完整的自然保护区管理体系和科研监测支撑体系，有效发挥了资源保护、科研监测和宣传教育的作用。发展过程大致归纳为以下 5 个阶段：

第一时期，起步阶段（1956—1966 年）

1956 年 9 月，钱崇澎、秉志等 5 位科学家向第一届全国人民代表大会第三次会议提出了"请政府在全国各省（区）划定天然林禁伐区，保护自然植被以供科学研究的需要"的 92 号提案。同年 10 月，经国务院同意，国家林业部牵头制定了《关于天然森林禁伐区（自然保护区）划定草案》，明确了自然保护区的划定对象、办法和重点地区。但是，由于对自然保护区的认识尚处于萌芽状态，建设速度不快，至 20 世纪 60 年代中期，全国共建立了以保护森林植被和野生生物为主要功能的自然保护区 20 处。

第二时期，停滞和缓慢发展阶段（1967—1978 年）

"文化大革命"时期，我国自然保护区事业受到严重摧残，许多已经划定的自然保护区遭到破坏和撤销。1972 年，我国参加联合国人类环境大会后，对环境问题逐步给予重视。1973 年 8 月，农林部召开了"全国环境环保工作会议"，会议通过了《自然保护区管理暂行条例（草案）》，比较全面地提出自然保护区工作范围和把自然地带典型自然综合体、特产稀有种源与具有特殊保护意义的地区作为建立保护区的依据。1975 年，国务院对自然保护区做出了重要指示，强调珍稀动物主要栖息繁殖地划建保护区，加强自然保护区的建设。到 1978 年底，全国共建立自然保护区 34 个。

第三时期，稳步发展阶段（1979—1993 年）

1979 年，全国农业自然资源调查和农业区划会议决定推行自然保护区区划和科学考察工作。同年 9 月，全国人民代表大会通过了《中华人民共和国森林法（试行）》和《中华人民共和国环境保护法（试行）》。1985 年，我国颁布并实施了《森林和野生动物类型自然保护区管理办法》，这是中国自然保护区建立、管理方面的第一部法规，为规范建立自然保护区体系提供了法律依据。1993 年，我国成为《生物多样性公约》和《国际重要湿地公约》缔约国之一。自此，我国自然保护区建设步入了有法可依、有章可循、与国际接轨的稳步发展轨道。到 1993 年底，全国共建立各类自然保护区 763 处。

第四时期，快速发展阶段（1994—2007 年）

1994 年，国务院发布实施了《中华人民共和国自然保护区条例》，这是我国第一部自然保护区专门法规，全国自然保护区管理体制开启了综合管理与部门管理相结合的新模式。1999 年开始，国家陆续启动了天然林保护、退耕还林等重大生态工程。2001 年，正式启动了全国野生动植物保护和自然保护区工程，自然保护区事业呈现快速发展势头。到 2007 年，我国自然保护区规模达到了高峰，保护区数量增至 2 531 处。

第五时期，稳固完善阶段（2008 年至今）

随着我国工业化、城市化走上快车道，加上自然保护区"一刀切"的管理方式，导致 2007 年以来我国自然保护区建设基本处于停顿乃至下降状态。"十二五"期间，国家发改委、财政部安排专项资金用于自然保护区开展生态保护奖补、生态保护补偿等政策，支持国家级自然保护区开展管护能力建设、实施湿地保护恢复工程等，使自然保护区发展回归到了稳定状态。2015 年，为了严肃查处自然保护区典型违法违规活动，环境保护部等 10 部门印发《关于进一步加强涉及自然保护区开发建设活动监督管理的通知》，国家林业局开展"绿剑行动"，坚决查处涉及自然保护区的各类违法建设活动。2017 年 7 月 21 日，环境保护部、国土资源部、水利部、农业部、国家林业局、中国科学院、国家海洋局印发《关于联合开展"绿盾 2017"国家级自然保护区监督检查专项行动的通知》（环生态函〔2017〕144 号），至此，在全国组织开展国家级自然保护区建设监督检查，重点排查涉及国家级自然保护区内违法违规问题的专项行动全面展开，为自然保护区稳固完善发展夯实了基础，自然保护区建设逐步走向管理科学化、建设标准化、科学研究系统化的健康发展轨道。

二、保护地体系建设逐渐形成

新中国成立 70 年来，我国自然保护地体系逐步完善。一是在生态系统与重要自然资源保护方面，形成了由自然保护区、风景名胜区、森林公园、地质公园、自然文化遗产、湿地公园、水产种质资源保护区、海洋特别保护区、特别保护海岛等组成的保护地体系。二是在生态空间保护方面，率先在国际上提出和实施生态保护红线，构建了以重要生态功能区、生态脆弱区和生物多样性保护区为主体的生态保护红线技术体系，成为我国 21 世纪一项重大生态保护工程，并开展了生态功能区划、主体功能区划。同时，在保护机制上，于 2015 年启动了国家公园体制，并开展试点示范。 这两大举措进一步丰富了中国自然保护地体系，显著推进了国家生态安全格局的构建进程。

（一）保护地体系建设发挥作用

目前，我国已建立了超过 10 类自然保护地，各类自然保护地总数 1.18 万处，其中国家级 3 766 处。各类陆域自然保护地总面积约占陆地国土面积的 18% 以上，已超过世界平均水平。截至 2017 年，我国分 9 批建立国家级风景名胜区共 244 处，面积约 10 万 km^2；建立省级风景名胜区 700 多处，面积约 9 万 km^2。国家级森林公园总数达 881 处，总规划面积 12.79 万 km^2，占全国国土面积的 1.3%。自然湿地保护面积达 21.85 万 km^2，全国共批准国家湿地公园试点 706 处，其中通过验收并被正式授予国家湿地公园正式称号的达 98 处，国际重要湿地 49 处。截至 2018 年，我国共建立国家地质公园 270 处，建立省级地质公园 100 余处，其中 37 处被联合国教科文组织收录为世界地质公园，一个地质门类齐全、管理等级有序、分布宽广的中国地质公园体系初步形成。建立各级海洋特别保护区 111 处，面积 7.15 万 km^2，其中国家级海洋特别保护区 71 处（含国家级海洋公园 48 处）。截至 2019 年 7 月，我国共有 55 个项目被联合国教科文组织列入《世界遗产名录》，数量列世界第一。其中世界文化遗产 37 处，世界自然遗产 14 处，世界景观遗产 4 处。在开展自然保护地管理建设中，与许多国际组织和机构的联系与合作不断加强，在自然保护区领域，与多个国家进行了合作与交流，所做出的成绩，引起了国际社会的广泛关注和称赞。未来发展中，逐渐形成的自然保护地体系，在保护生物多样性、自然景观及自然遗迹，维护国家和区域生态安全，保障我国经济社会可持续发展等方面将会发挥更大的重要作用。

（二）生态保护空间体系构建日趋完善

进入 21 世纪，我国生态保护工作得到了迅速发展。2008 年 7 月，原环境保护部联合中国科学院发布《全国生态功能区划》，提出了 50 个国家重要生态功能区，总面积 237 万 km²，占全国陆地面积的 24.8%。为了更好地保护我国生态环境、处理好开发与保护的关系，经过多年的探索与实践，我国于 2011 年［《国务院关于加强环境保护重点工作的意见》（国发〔2011〕35 号）］首次将"划定生态红线"作为国家的一项重要战略任务，提出在重要和重点生态功能区、陆地和海洋生态环境敏感区及脆弱区划定生态保护红线并实行永久保护，体现了在国家层面以强制性手段强化生态保护的政策导向与决心。2017 年 2 月 7 日，中共中央办公厅、国务院办公厅印发《关于划定并严守生态保护红线的若干意见》，明确了生态保护红线工作总体要求和具体安排，特别是管理措施等方向发展，研究趋势更加具有综合性、多维性与实用性，由生态保护的理念转变到国家意志主导下的划定实践。与国内外已有保护地相比，生态保护红线体系以生态服务供给、灾害减缓控制、生物多样性维护为三大主线，整合了现有各类保护地，补充纳入了生态空间内生态服务功能极为重要的区域和生态环境极为敏感脆弱的区域，构成更加全面，分布格局更加科学，区域功能更加凸显，管控约束更加刚性，可以说是国际现有保护地体系的一个重大改进创新。生态保护红线划定，对维系中华民族永续发展的绿水青山，为维护国家生态安全、促进经济社会可持续发展具有重要作用。生态保护红线不仅可有效保护生物多样性和重要自然景观，而且对净化大气、扩展水环境容量具有重要作用，同时也是我国国土空间开发的管控线。因此，生态保护红线被称为我国"继耕地红线之后的又一条生命线"。生态功能区划、生态脆弱区和生态保护红线的提出与实施，标志着生态空间保护工作由经验型管理向科学型管理转变、由定性型管理向定量型管理转变、由传统型管理向现代型管理转变。

（三）国家公园体制改革试点取得阶段性成效

2013 年 11 月，党的十八届三中全会通过的《中共中央关于全面深化改革若干重大问题的决定》中明确提出"建立国家公园体制"，标志着构建以国家公园为主体的自然保护地体系成为我国生态环境保护的重要工作内容。

国家公园是我国自然保护地最重要的类型之一，属于全国主体功能区规划中的禁止开发区域，纳入全国生态保护红线区域管控范围，实行最严格的保护。国家公园以生态环境、自然资源保护和适度旅游开发为基本策略，通过较小范围的适度开发实现大范围的有效保护。国家公园既排除与保护目标相抵触的开发利用方式，达到保护生态系统完整性的目的，又为公众提供了旅游、科研、教育、娱乐的机会和场所，是一种能够合理处理生态环境保护与资源开发利用关系的行之有效的保护和管理模式。

（四）保护区的发展已成为国家文明和进步的标志

自然保护区的数量和占全国总面积的百分比，是衡量一个国家的自然保护事业、科教文化事业发展水平的重要标志之一。从 20 世纪 50 年代中期建立第一批自然保护区至 2016 年，全国共建立各种类型、不同级别的自然保护区 2 750 处，陆域保护区总面积 1.47 亿 hm^2，约占陆地国土面积的 14.83%。其中，国家级自然保护区 446 个，面积 96.95 万 hm^2，占全国保护区总面积的 65.8%，占陆地国土面积的 9.97%，是世界上唯一具备几乎所有自然生态系统类型的国家，也是全世界自然保护地面积最大的国家之一，在全球污染防治、节能减排、荒漠化防治等蓝天保卫战中举足轻重。

60 余年来，建立在不同自然地带的典型生态系统地区和国家重点保护野生动植物的主要栖息繁殖地区的各类自然保护区，自然环境和自然资源都得到了有效的保护。各个地带的自然植被类型、水源涵养林以及珍贵树种得以保存、繁衍，一些濒临灭绝的物种逐渐得到恢复。特殊地质、地貌结构得到完整保护，人为破坏的植被得以修复，严重退化的土地又披绿装。许多自然地带因资源丰富、物种珍稀、景观独特、功能多样，被誉为大自然的国宝，这些物华天宝能够在经济大开发的浪潮中得以保存其原真性，离不开我国 60 多年来逐渐形成的自然保护区网络的坚强保护。随着全球生物多样性保护运动的兴起以及人类环境保护意识的提高，自然保护区建设普遍得到世界各国的高度重视，并已成为一个国家文明和进步的重要标志。

（五）践行"两山"理念，推进高质量绿色发展

"两山"理念是习近平生态文明思想的重要内容，是新发展理念的重要组成部分。党的十九大以来，我国保护区建设秉持"绿水青山就是金山银山"理念，在推动经济实现高质量发展的同时，扎实推进高质量绿色发展，坚定不移地实施大生态战略行动，上下联动，齐抓共管，取得了举世瞩目的成就。一是污染防治扎实推进。在史无前例的蓝天保卫战中，攻坚克难，成为世界上治理大气污染速度最快的国家。二是节能减排持续推进。至 2019 年 11 月，据国家生态环境部数据，中国已提前达到 2020 年比 2005 年下降 40%~45% 的碳排放目标。三是土地荒漠化防治取得积极成效。实现荒漠化和沙化面积"双缩减"，荒漠化和沙化程度零增长目标。

"生态兴则文明兴"。当前我国正处于实现中华民族伟大复兴的关键时期，我们一定要以更高的斗志、更足的干劲、更久的耐力，积极推动"生态梦""经济梦""复兴梦"多梦同圆。践行"两山"理念，贵在全面统筹，精准施策，共建共享，扎实推进高质量绿色发展。今后一段时间，我国自然保护区体系建设紧紧围绕"五位一体"总体布局和"四个全面"战略布局，以提高管理水平和改善保护效果为主线，以防止不合理的开发利用为重点，以强化生态环境治理与生态自然修复为核心，推进自然保护区建设和管理从数量型向质量型、从粗放式向精细化转变。只有坚持保护优先、自然恢复为主的基本方针，以山水林田湖草沙生命共同体的理念，划定并严守生态保护红线，建立完善的自然保护区体系，优化国土生态空间格局，保障生态空间对社会经济发展的承载能力，确保国家和区域生态安全，才能为人民群众提供更多的优质生态产品，为实现绿水青山、建设美丽中国添砖加瓦，为子孙后代留下天蓝、地绿、水净的美好家园。

三、建立自然保护区的意义和作用

（一）建立自然保护区的意义

建立自然保护区是为了比较完整地保护典型性、代表性的自然生态系统，更

好地促进人与自然的和谐发展。如今，生物多样性保护已上升为国家战略，法律法规逐步完善，能力建设持续增强，为筑牢国家生态安全屏障奠定了坚实基础，对于保护自然资源和生物多样性、维持生态平衡和促进国民经济可持续发展均有着重要的战略意义。

1. 保护了战略资源

自然保护区是对野生动植物及其生境等进行就地保护最有效的方式，是生物资源的天然储存库，保护了丰富的生物多样性和生物物种资源。我国是世界动植物遗传资源王国，是世界上主要作物起源中心，全国有农林作物及其野生近缘植物数千种，也是世界上观赏植物资源多样性最丰富的国家之一。自然保护区的建设，强化了生物物种资源及遗传基因的就地保护，许多具有极高价值的野生种质资源和基因都纳入自然保护区体系，进行了有效保护。

自然生态系统是陆地生态系统的主题和核心，是人类社会长期发展所必需的巨大的"生物基因库"。生物资源是国家的战略资源，是人类生存和经济社会可持续发展的基础。生物资源拥有量，是衡量一个国家综合国力和可持续发展能力的重要指标之一。我国的自然保护区是自然资源宝库，在设立过程中储存了森林、湿地、草原、淡水、生物、矿产等众多自然资源。其中森林面积已占到全国森林面积的15.1%，占到天然林的28.7%，这是我国自然度最高、物种最丰富、价值最高、景观最美、效益最好的森林。同时，还保护了 1 634 万 hm² 的湿地，占全国湿地面积的30%，保护了约30%的荒漠植被、11%的草原，这些都是自然资源的精华所在，是陆地生态系统的主题和核心，是人类社会长期发展所必需的巨大的战略资源储备库。它不仅为人类的生产、生活提供了多种资源，而且具有巨大的环境功能和生态效益。因此，自然保护区为人类社会的可持续发展储藏了丰富的物资财富。

2. 维护了生态安全

我国的自然保护区大多位于生态区位极为重要、生态环境非常脆弱的地带，随着自然保护区规模的不断扩大和覆盖区域的逐渐增加，生态功能的不断放大，自然保护区逐渐成为生态安全屏障的基本框架和空间格局的重要节点。我国陆域自然生态系统按覆盖类型大致可以分为539种（含森林、竹林、灌丛与灌草丛、荒漠、高山、高原等），水域与湿地自然生态系统可以分为165种。据初步统计，有91.5%的陆域生态系统类型和90.8%的水域与湿地生态系统已纳入有代表性的自然保护区进行了就地保护。保存完好的天然植被及其组成的生态系统具有调节气候、净化空气、涵养水源、防风固沙、控制污染、保护生态多样性、美化环境等重要生态功能，为维护我国生态安全发挥着无可替代的作用。最洁净的自然环境、最珍贵的自然遗产、最优美的自然景观、最丰富的生物多样性、最重要的生态功能区域，都存在于自然保护区中。所以，自然保护区的建设，是保障我国生态安全、维护生物多样性的重要环节，是推进生态文明建设的具体行动和重要载体。

3. 保留了自然本底

自然保护区保留了一定面积的各种类型的生态系统，可以为子孙后代留下天然的"本底"。同时，保护区还是生物物种的储备地，也是拯救濒危生物物种的庇护所。中国是世界上动植物物种最为丰富的国家之一，约有34 792种高等植物、200余种地衣、100种真菌，还有约7 516种脊椎动物、5万余种无脊椎动物、15万种昆虫。据统计，目前有65%的高等植物群落类型和85%的野生动物种类在自然保护区内得到了保护，国家重点保护野生动植物种类的保护率达到89%，其野生种群都在稳步增长，栖息地在不断改善和扩大，许多珍稀濒危物种因自然保护区的庇护重新回归大自然。

4. 保存了美学价值

自然保护区加强了对具有特殊保存价值的海域、海岸、岛屿、湿地、内陆水域、森林、草原和荒漠以及具有重大科学研究价值的地质构造、著名溶洞、化石分布区、冰川、火山、温泉等自然遗迹的保护。许多自然保护区内保存完好的森林生态系统、丰富的物种资源、奇特的自然遗迹和优美的自然景观，因其丰富、优美、独特和极高的艺术价值，成为国家亮丽的自然名片，也为公众提供了良好的休闲旅游场所。自然界的美景能令人心旷神怡，而且良好的情绪可使人精神焕发。优美的自然景观、洁净的自然环境能燃起人们对生活和创造的热情，是人类健康、灵感和创作的源泉，成为人与自然和谐共存的重要载体。随着人类对自然生态认识的不断深入，绿色文化正在逐步引领先进文化潮头。自然保护区的建立，弘扬了绿色文化，发展了绿色文明，提高了公众素养，促进了社会进步，满足了人类精神文化生活的需求。

5. 守住了自然遗产

随着自然保护区事业的发展，我国已有不少珍贵、特有的野生动植物物种和自然生态系统及天然景观区域成为世界自然遗产，35 处自然保护区成为世界遗产的重要组成部分，33 处保护区加入了联合国"人与生物圈"保护区网络，46 处保护区列入国际重要湿地名录。同时，还保护了众多国家和地方遗产，包括文化和自然遗产地、重点文物保护单位、历史文化名镇名村和非物质文化遗产等。此外，许多道法自然、天人合一的传统农耕、渔猎、牧守生产模式，在自然保护区内也得到了很好的保护。

6. 提供了科研基地

我国自然保护区已成为普及自然科学知识，宣传人与自然和谐相处的重要阵地，是环境保护工作中观察生态系统生态平衡、取得监测基准的地方。众多自然保护区成了大专院校、科研机构教学科研实习的天然实验室和重要基地，为进行各种生物学、生态学、地质学、古生物学及其他学科的研究提供了有利条件。通过现场灵活设计生态教育课程、现场生态体验等对公众进行教育和培训，普及科学知识、弘扬先进文化，推动我国公众生态教育事业的发展。

7. 惠及了民生福祉

自然保护区在改善本地和周围地区自然环境、维持自然生态系统的正常循环和提高当地群众的生存环境质量、促进当地农业生态环境逐步向良性循环转化、提高农作物产量、减免自然灾害等方面都在不断发挥着人们不易注意到的重要作用。我国大多数自然保护区在实验区利用自身独特的资源优势，适当开展多种经营、生态旅游，为社区提供就业机会，并改善当地居民生存环境，提高生活质量，有效地促进了当地经济发展，带动了社区群众热爱自然、保护自然的积极性。

（二）自然保护区的作用

自然保护区的建立，对于保护自然界生态平衡、增加森林蓄积、开展科学研究、推进绿色发展等发挥着至关重要的作用。具体有以下 10 个方面：

(1) 建立自然保护区可以积极保护生态平衡。在设立自然保护区的地方，可以使生态系统保持在原始状态或接近原始状态，消除人类的破坏和干扰。自然保护区有多种多样的生物物种和自然群落，在自然保护区的面积范围内，生物维持正常生存和繁衍并自然平衡发展。同时，自然保护区内还含有多种地貌、土壤、气候、水系以及独特人文景观的单元。

(2) 有助于加强生物物种的研究和利用物种资源。由于人类活动的范围日益扩大，不少物种在未被充分认识之前就消失了，这给人类利用自然资源带来了巨大的损失。科学研究表明，每消灭一种植物，就会有 10~20 种依附于该种植物的动物随之消失。所以，植物保护和培养繁育非常重要。众所周知，人类社会所见到的园林花卉和家畜、家禽都是由自然界中的野生物种培养和驯化选育而来的。随着科学的发展，对某些珍稀动物或植物进行科学的培养和繁育，使之为人类提供新的更多的优质品种，也是自然保护区开展的一项实验活动。

(3) 可以深刻地了解生物间的制约关系。生物在演化过程中，形成相互依存、相互制约的内在联系，这种关系反映在食物链的组成上，构成一个地区相对稳定的生态系统。人类准确地认识这种关系，才可能更好地利用自然、改造自然，这是设立自然保护区的重要目的之一。

(4) 自然保护区是天然的科学实验基地。科学研究，对自然保护区的建设和发展有着极其重要的作用。自然保护区保存了大量的物种和丰富多彩的生态系统、生物群落及其生存的环境，这就为科学研究提供了良好的基础。同时，也是普及科学知识，进行教学实习的天然课堂。所以，科学研究是自然保护区工作的灵魂，既是基础性工作，又是开拓性工作，是实现对自然资源有效保护与合理开发利用的关键。

(5) 可以作为旅游基地。自然保护区保存了天然生态系统和大量野生动植物，或保存了完整的地质剖面，对旅游者有很大的吸引力，尤其是风景秀丽的自然保护区，更是旅游者向往之地。同时，为中外科学工作者、大专院校师生考察参观自然保护区内的生态系统和野生动植物提供基地，通过现场考察，把具有旅游特征的景观区划为向社会公众开放的自然保护区旅游区，融了解、探索、教育、宣传、鉴赏和娱乐等于一体，不断发挥和扩大自然保护区在国内外的影响，吸引更多的人们来关心、支持和帮助自然保护区的保护、管理和建设工作。

(6) 具有明显的生态效益、涵养水源和净化空气的作用。保护自然环境与自然资源是自然保护区的最大功能，为了获得最佳的生态效益，必须将自然保护区内的自然资源和自然环境保护好，使各种典型的生态系统和生物物种，在人工保护下，正常地生存、繁衍与协调发展；使各种有科学价值和历史意义的自然历史遗迹及各种有益于人类的自然景观，在人工的保护下，保持本来面目。许多自然保护区内生长着茂密的原始森林，而森林涵养水源的作用是巨大的。森林能阻挡雨水直接冲刷土地，减低地表径流的速度，使其获得缓慢下渗的机会。林地土壤疏松，林内枯枝落叶又能保水。自然保护区保护了天然植被及其组成的生态系统，在改善环境、涵养水源、保持水土等方面具有重要作用。

(7) 宣传教育作用。宣传与教育，是自然保护区所发挥的又一个重要作用。我国大多数自然保护区建在经济和文化落后的山区，当地群众的切身利益需要照顾，群众的生产生活需要得到保障，群众传统的生活习惯需要受到尊重，但这些在自然保护区建立后，要受到有关规定的约束和逐步调整。要处理好这一切，需要对群众进行深入细致的思想政治工作，需要采取简明、生动、灵活多样的方式向广大群众进行宣传，让群众逐步懂得建设自然保护区的意义和保护自然给他们带来的好处，把保护自然资源和自然环境变成广大群众的自觉行动。

(8) 生态演替和环境监测作用。在自然条件下，生态系统是按照自然界的规律来进行它的发展、延续和变化的。但在受到外界自然因素和人为因素的严重干扰后，将会出现自然演替和人为演替。所谓自然演替，就是生态系统遭到如雷电火烧、洪水冲击、暴风雪、干旱、病虫害等外界突发性因素影响后，使生态系统中某些生物群落毁灭或衰落而被另一生物群落所替代的过程。人为演替则是由于人类频繁的经济活动和严重索取自然资源的结果，使得生态系统中某些生物群落被强迫地替代掉。

自然保护区内的野生动植物有许多种类是反映环境好坏的指示物，它们对空气、水质和植被等污染破坏状况十分敏感。定位定点对自然保护区内这些生物指示物受危害的程度进行观察，可起到监测环境的作用，涵养水源和净化空气的作用，自然保护区有独特的条件来同时监测和显示这两种演替的作用。森林同时能吸收有毒气体、杀菌和阻滞粉尘的作用。林木能在低浓度的范围内吸收各种有毒气体，使污染的空气得到净化。同时，许多植物种类能分泌出有强大杀菌功能的挥发性物质——杀菌素。林木对大气中的粉尘污染能起到阻滞过滤的作用。由于林木枝叶茂盛，能减小风速，从而使大粒灰尘沉降到地面。

(9) 合理利用自然资源作用。自然保护区有着丰富的自然资源，对于可更新资源如野生植物和自然资源等，在人为提供特殊保护的条件下合理开发利用，它们的种群结构不会发生太大变化，不影响它们的正常生息和繁衍。因此，要发挥自然保护区的资源优势，必须按照生物自然更新的规律，在自然资源承受能力与生物种群及其数量相适应的条件下，积极发展种植业、养殖业、采集业、加工业和具有地方特色的手工艺品业等，才能不断提高自然保护区的利用价值。

(10) 国际合作交流作用。人类共同生活在一个地球上，陆地、水体和大气的连接、传递，使地球各部分之间进行能量和物质的交换，因而一个地区的变化往往会影响到另一个地区乃至整个地球。不同国家建立的自然保护区通常在地理上或生物学上是相互联系的，许多迁徙物种在跨国保护区或是相邻保护区内互相往返。为保护和管理迁徙物种，需要国与国之间的共同保护和联合行动。同时，有关自然保护区科学研究进展和保护区网的信息数据也需要通过国际间的合作与交流来共享其成果。因此说，中国自然保护事业的发展和自然保护区建设管理水平的高低，也将对整个地球产生联系和影响。

第二节 河南自然保护区的发展

河南省位于中国中东部，黄河中下游，全省总面积 16.7 万 km²，占全国总面积的 1.73%。全省现有林地面积 7 053.03 万亩①。其中，森林面积 6 047.7 万亩，湿地面积 1 663 万亩，森林覆盖率 17.32%，林木覆盖率 23.77%，湿地面积 1 663 万亩，占全省总面积的 6.6%。全省动植物资源丰富，自然种类繁多，60% 以上的物种在森林中栖息繁衍，为自然保护区的建立提供了良好的基础和条件。

河南省自然保护区的建设虽然起步晚，但是速度快，成绩显著。保护区的建设，不仅使全省 95% 以上的国家重点保护野生动植物物种和 80% 以上的典型生态系统得到了有效保护，而且使河南省林业系统建立的自然保护区面积占全省国土面积的比例由"九五"末的 1.14% 提高到 2021 年的 3.04%，为生态保护拓展了空间。

1980 年 4 月，河南省建立了第一个自然保护区——内乡宝天曼省级自然保护区，面积 5 412.5 hm²，主要保护过渡带森林系统和珍稀动植物，标志着河南省自然保护区事业的开始。党的十九大以来，河南省加强了自然保护地建设与与监管，加大野生动植物资源保护力度，持续推进生态保护修复，全省自然保护地建设和野生动植物保护工作取得良好成效。截至 2021 年底，全省已建成各类自然保护地 345 处，其中自然保护区 30 处（其中国家级 13 处，省级 17 处），总面积为 76.9 万 hm²，风景名胜区 35 处，地质公园 32 处（世界地质公园 4 处），森林公园 129 处，湿地公园 116 处，全省已经形成了布局基本合理、类型较为齐全、功能较为完备的自然保护地网络，国家重点保护野生动植物物种保护率达到 95%。80% 的典型生态系统纳入到自然保护区范围，野生动植物资源和生态系统得到了有效保护。

河南作为中国中部重要的水源涵养区、水土保持区、洪水调蓄区。随着生态保护力度的加强，自然保护区逐渐增多，已逐步形成我国中部地区宝贵的野生动植物"基因宝库"。全省共记录陆生脊椎野生动物 520 种，占全国总数的 23.9%。

---

① 1 亩 =1/15 hm² ≈ 666.67 m²

其中，两栖动物 20 种，爬行动物 38 种，鸟类 382 种，兽类 80 种，国家一级保护野生动物 35 种；二级保护野生动物 101 种；省重点保护野生动物 35 种；全省已知的高等植物 3 979 种，其中，国家一级重点保护野生植物 3 种，国家二级重点保护野生植物 24 种，省重点保护野生植物 98 种。全省现有地方畜禽品种 32 个，8 个品种列入国家级畜禽遗传资源保护名录，如今，已成为黄河中游特有动物种类最丰富的地区。

近年来，河南省自然保护区主动作为，加强生物多样性保护，开展了一系列生物多样性基础研究，建立了野生动物疫源疫情监测防控体系。"十三五"期间，河南省新增野生动物疫源疫病监测站 22 个，省级以上野生动物疫源疫病监测站达 54 个，扩大和提高了监测站的数量与监测覆盖面，进一步完善了监测防控体系。截至 2020 年底，全省无重大陆生野生动物疫情发生，重点野生动植物保护率达到 95%，保护力度明显增强。此间，河南省为加强生物多样性保护，开展了森林、水文、土壤、气象、生物等方面的科研监测，取得了大量科研成果，为生物多样性保护做出了有益探索。同时，还连续开展了"绿盾"自然保护地监督工作。在自然保护区历年绿盾行动中，紧盯采石采砂、工矿用地、核心区缓冲区旅游设施以及水电设施等重点问题，采取了限期关闭、拆除、恢复植被等措施，加强自然保护地监督。在国家下达河南省的 2 983 个人类活动线索中，重点问题整改完成率达到 91.9%，整改效果明显，实现了生态环境的历史性、转折性、全局性变化，为自然保护区建设提供了坚强保障。

"十四五"时期，是河南省开启全面建设社会主义现代化河南新征程，谱写新时代中原更加出彩绚丽篇章的关键时期，是推动高质量发展，加快由大到强的转型攻坚期。2022 年，河南省制定了"十四五"林业保护发展规划，明确构建"一带一区三屏四廊多点"林业保护发展格局，将大力推进黄河流域生态保护和林业高质量发展，科学开展国土绿化，推进沙化、石漠化综合治理，构建科学合理的自然保护地体系。加强有害生物综合防治、林草防灭火、野生动植物保护、森林资源保护监督管理等体系建设，实施林业保护发展科技创新战略，持续深化重点领域改革，高质量发展绿色富民产业，积极推进森林文化建设，持续提升林草湿碳汇能力。目前，河南自然保护区事业处于稳定发展时期，更加注重开发和保护共举，林业保护发展规划也更加完善，为河南自然保护区事业的高质量发展奠定了坚实基础。随着"十四五"林业保护发展规划的全面实施，河南省将持续不断地完善自然生态保护监管制度，不断提升生物多样性保护水平，不断开展野生动植物保护宣传和公众教育，树立创新、协调、绿色、开放、共享的发展理念，提高公众保护野生动植物的意识，协调社会各界力量共同参与保护行动，真正把生态优势转化成经济优势。为加强生态文明建设、保护生物多样性和生态安全发挥重大作用，强力推进河南自然保护区事业发展迈向新台阶。

第二章 高乐山自然保护区综述

河南高乐山国家级自然保护区（以下简称高乐山自然保护区）位于河南省南阳市桐柏县东北部，是在国有桐柏毛集林场的范围内建立的。2004 年 2 月 26 日，河南省人民政府豫政文〔2004〕33 号批复同意建立桐柏高乐山省级自然保护区。2016 年 5 月 2 日，国务院办公厅国办发〔2016〕33 号文件批准桐柏高乐山省级自然保护区晋升为河南高乐山国家级自然保护区，属于森林生态系统类型自然保护区。土地权属为毛集林场国有林地，主要保护对象是暖温带南缘、桐柏山北支的典型原生植被，林麝、榉树等珍稀濒危野生动植物及其栖息地和淮河源头区的水源涵养林。管理机构为河南高乐山国家级自然保护区管理局（以下简称保护区管理局），正科级规格，与国有桐柏毛集林场合署办公，为公益一类事业单位。

第一节 地理环境

一、位置区域

高乐山自然保护区位于桐柏县东北部，地理坐标为北纬 32° 34′ 01″ 至 32° 42′ 56″，东经 113° 35′ 22″ 至 113° 48′ 29″。保护区管理局住址在桐柏县毛集镇，距桐柏县城 36 km。自然保护区东部与信阳市平桥区相连，北部与驻马店市确山县毗邻，西与驻马店市泌阳县接壤，南与湖北省随州市隔河相望。

二、辖区范围

保护区涉及回龙、黄岗、毛集三乡镇，总面积 10 612 hm²，其中：核心区面积 3 663.5 hm²，占保护区总面积的 34.5%；缓冲区面积 3 093.5 hm²，占保护区总面积的 29.2%；实验区面积 3 855 hm²，占保护区总面积的 36.3%。

第二节 自然条件

一、地形地貌

高乐山自然保护区属桐柏山余脉，受断裂构造影响，区内群山起伏，高峻陡峭，沟壑纵横，溪流密布。总的山脉走向是西北—东南方向，总的地势为北部高、东南部低。第一高峰祖师顶，位于南阳、信阳、驻马店三市交界处，海拔812.5 m；第二高峰高乐山，位于保护区西南部，与泌阳县接壤，海拔757.5 m。保护区内地势相对高差大，海拔在140～813 m。其中，海拔在700 m以上的中山面积占该部分总面积的2%；海拔300 m以上的低山面积占该部分总面积的44.6%；海拔300 m以下的丘陵、山间谷地，相对平缓，占该部分总面积的53.4%。地貌以山地为主体形态，区内大部分属中低山丘陵区，呈掌状分布，山势起伏和缓，山体受流水侵蚀作用影响，呈孤岛状散布于谷地、丘陵中。坡度多在30°～50°，小部分面积分布在低山区，坡度10°～15°，是综合性的山川地貌。主要山峰有祖师顶、高乐山、歪头山、双峰山、花棚山、猪屎大顶、牛屎大顶、齐亩顶等。

二、地质土壤

高乐山自然保护区位于桐柏－大别山区，南北跨淮阳地盾和华北陆台两大地质构造区。区内构造以断裂构造为主，褶皱构造为次。地层主要包括下元古界、中元古界、下古生界和新生界。岩石以花岗岩、石英岩为主。

土壤母岩是由片麻岩、砂岩、页岩、云母片岩、千纹岩、板页岩等风化母质和分布大面积的第四纪黄土母质，并经过长期人为活动及自然演变熟化而形成，致使土壤组成存在着很大差异，形成的土壤类型也各不相同，主要分为黄棕壤和黄褐土两大土类。另外，还分布有石质土、粗骨土、水稻土等。黄棕壤主要分布在保护区海拔500 m以上的深山区，土层厚度在30～50 cm，pH值为5.0～6.0；黄褐土分布在100～300 m的浅山区，土层厚度20～40 cm，pH值为5.5～6.5。石质土上分布着草本和灌丛；粗骨土上分布有耐瘠薄的马尾松等各种森林树种；

水稻土分布在保护区低洼处，多为农田。

三、水文

高乐山自然保护区东、西、北三面群山环峙，沟谷密布，切割强烈。茂密的森林植被和丰富的降水，自然形成众多的溪流沟河，像扇面一样展开，顺势而下，分别进入淮河水系中的两条一级支流五里河、毛集河，最终汇入淮河。

四、气象

高乐山自然保护区地处暖温带与亚热带的交汇地带，属于北亚热带季风型大陆性气候，四季分明，温暖湿润。春季空气干燥，降水少，气温回升快，常有干旱、霜冻等灾害；夏季高温湿热，降水量集中且多雷雨大风；秋季凉爽，天气晴朗多趋稳定，气温下降，雨量减少；冬季干燥寒冷，雨雪少，偏北风居多。年平均气温 15.1℃，7 月最热，日均气温 21 ~ 27.8℃，极端最高气温 41.5℃；1 月最低，日均气温 2.1 ~ 1.1℃，极端最低气温 –20.3℃；年日照时数 2 027 h，太阳辐射总量 12 kcal/cm²，一年有效辐射 55 kcal/cm²；年无霜期为 205 ~ 231 d，始于 10 月 26 日至 11 月 10 日，终于翌年 3 月 20 日至 4 月 3 日；年平均降水量 933 ~ 1 181 mm，主要集中在 6 月、7 月、8 月三个月，占年降水总量的 48.2%；年平均相对湿度 74%；年平均风速 3.0 m/s，以"静风"为最多，频率 10%，风速较小，对林木生长和开花结实无大的影响。

（一）气温

年平均气温为 15.1 ~ 15.5℃，1 月平均气温为 1.6 ~ 2.2℃，7 月平均气温约 28℃（见表 2-1 ~ 表 2-3）。

表 2-1 桐柏县四季天气   单位：℃

四季名称	春季	夏季	秋季	冬季
日均最高气温	12	28	31	16
日均最低气温	2	18	23	6
历史最高气温	31	37	39	32
历史最低气温	–10	2	11	–7

注：桐柏县气象局提供。

表 2-2 桐柏县全年每月日平均气温 单位：℃

月份	最低日均气温	最高日均气温	日均气温
1 月	−2	8	3
2 月	1	11	6
3 月	7	17	12
4 月	13	24	18
5 月	18	29	23
6 月	22	31	26
7 月	25	33	29
8 月	24	32	28
9 月	19	27	23
10 月	12	22	17
11 月	6	15	10
12 月	0	9	4

注：桐柏县气象局提供。

表 2-3 桐柏县 2009—2019 年月平均气温一览表 单位：℃

月份	2009年	2010年	2011年	2012年	2013年	2014年	2015年	2016年	2017年	2018年	2019年
1 月	2.1	2.8	−0.8	1.2	1.2	4.8	4.4	1.4	4.5	−0.1	1.9
2 月	6.8	5	4.7	3	4.4	2.8	5.4	6.5	6.2	5	2.9
3 月	10.6	9.5	9.8	8.9	12	12.9	11.4	11.9	10.3	12.8	12.5
4 月	16.3	14.4	17.9	18.3	16.8	16.5	15.7	18.5	17.8	17.8	16.8
5 月	20.1	20.9	21.7	21.9	22.6	22	21.9	20.8	23.1	21.8	21.6
6 月	26.3	25.1	26	26.2	26	24.9	23.9	25.1	24.8	26.4	26.1
7 月	27.2	27.4	27.8	28.8	29.9	27.6	26.4	28.3	29.1	27.9	28.5
8 月	25.6	27.5	24.9	26.1	29.5	24.5	26.7	27.5	27.4	27.8	27.7
9 月	21.1	22	19.7	21.3	21.5	21	22.6	24	21.7	22.1	23.2
10 月	18.4	15.6	15.6	17	16.6	17.5	17.3	16	14.9	16.2	16.7
11 月	6.8	11.2	11.2	8.8	9.6	10.4	8.5	9.6	10.5	10.3	12
12 月	3.9	5.8	3	2	3.4	4.2	4.9	6.3	5.1	3.6	5.2

注：桐柏县气象局提供。

（二）降水

雨热同期，雨量充沛，主要集中在 7 月、8 月、9 月三个月。年平均降水量为 900 ~ 1 200 mm（见表 2-4）。

表 2-4 桐柏县 2009—2019 年月平均降水量一览表　　　　单位：mm

月份	2009年	2010年	2011年	2012年	2013年	2014年	2015年	2016年	2017年	2018年	2019年
1月	6.9	5.1	3.7	14.5	27.5	7.1	25	14.1	45.9	101.3	41
2月	63.3	45.4	58	5.4	24.6	70.4	26.2	12.5	28.3	20.1	20.3
3月	39.6	80.2	23.9	39.4	34.1	6.9	61.2	33.2	45.2	84.5	30.3
4月	94.6	56.6	31.7	58.4	27.4	108.4	117.5	110.1	85.7	64.3	85.2
5月	118.2	100.8	60.4	63.6	102.4	61.9	143.4	111.2	84.3	152.4	11.4
6月	140.3	55.8	139.9	94.8	109.3	136	240.1	175.5	117.4	69.7	232
7月	145.6	386.1	165.7	62.2	98.9	115.8	109.5	136.7	213.1	222.4	122.9
8月	208.8	82.5	135.8	179.2	214.8	188.4	102	80	93.5	34.6	160
9月	40	137.1	56	217.7	107.3	449.8	35.8	61	263.8	79.2	12.8
10月	24.5	17.2	63.5	14	19.9	70.3	48.1	169.5	256	10	79.2
11月	55.2	9.9	98.9	31.4	23.4	80.2	94.2	70.2	19.2	70.8	19.3
12月	30.2	3.9	17.9	39.5	0.1	0.6	8.6	32.5	3.7	30.9	7.9

注：桐柏县气象局提供。

（三）相对湿度

空气相对湿度为 74%（见表 2-5）。

表 2-5 桐柏县 2009—2019 年月平均相对湿度一览表　　　　%

月份	2009年	2010年	2011年	2012年	2013年	2014年	2015年	2016年	2017年	2018年	2019年
1月	59	60	50	72	69	60	65	73	70	73	72
2月	79	73	62	62	73	80	71	56	66	61	75
3月	69	63	55	64	56	61	68	58	65	67	56
4月	69	62	50	59	52	71	69	69	62	65	67
5月	70	69	58	69	62	66	74	66	62	73	59
6月	69	71	70	63	67	76	80	73	73	67	68
7月	76	82	75	71	68	74	80	78	74	80	73
8月	80	76	82	74	64	81	77	78	78	76	76
9月	81	84	84	74	79	88	76	65	84	75	71
10月	72	74	79	67	69	78	71	83	85	61	78
11月	71	60	80	65	72	76	86	80	66	73	64
12月	68	53	69	66	60	57	70	72	57	69	73

注：桐柏县气象局提供。

第三节 自然资源

一、植物资源

高乐山自然保护区位于桐柏县东北部，属桐柏山余脉，地处北亚热带向南暖温带过渡地带，主要分布在与信阳市平桥区、驻马店市确山县交界的祖师顶（海拔812.5 m）和与驻马店市泌阳县接壤的高乐山（海拔757.5 m）的周围山地。区内地形复杂，溪流众多，独特的地理优势和适宜的气候条件，汇聚了南北特有的生物物种，孕育了极为丰富的生物多样性。该区内含有暖温带南缘、桐柏山北支的典型原生植被，兼有华北、华南、西南区系成分，植被类型属亚热带常绿落叶阔叶林植被类型，具有一定的垂直分布规律，是我国南北过渡地带生物多样性最丰富的地区之一，具有重要的经济、科研、保护价值。

（一）植物物种多样性

2021年3月至2021年12月，通过实地考察，并对历年来有关专家在本区域所做的调查成果进行收集，通过综合分析、考证、统计，得知保护区内维管植物共计有1 840（野生1 796种）。其中，蕨类植物19科48属108种，裸子植物6科10属18种，被子植物151科682属1 745种。

河南高乐山自然保护区珍稀濒危野生植物分布图

据走访调查，被列为高乐山自然保护区国家一级重点保护植物的有两种，即红豆杉、南方红豆杉；大叶榉、中华猕猴桃、野大豆、天麻等31种被列为国家二级重点保护植物；杜仲、青檀、胡桃楸、枫香树、望春玉兰、粗榧、三尖杉等28种被列为河南省重点保护植物。

（二）植物区系

在中国植被区划上，高乐山自然保护区属于亚热带常绿落叶阔叶林区域的桐柏－大别山地丘陵松栎林植被片，具有北亚热带地区植被类型的典型性、多样性和系统性。植物区系地理成分多样，区系联系广泛。区系成分以华中成分为主，华北、西南、华东、西北植物区系成分兼容并存，有本区产生的种类，也有主要是华中、西南迁移来的成分，形成了东西植物交错、南北植物过渡的特点，同时也体现了本区植物区系的特征。

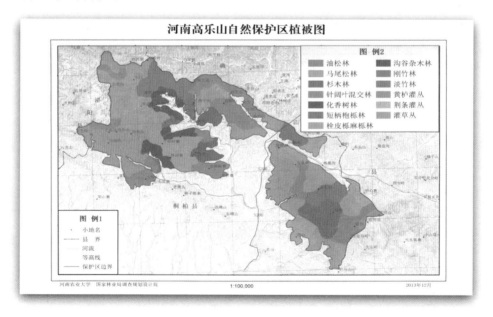

（三）植被分类

高乐山自然保护区属于桐柏山－大别山地区丘陵常绿阔叶落叶林区。由于山势低缓，地处亚热带向暖温带过渡地带，因此保护区内南北植物种类兼有。依据《中国植被》1980年的分类系统，将河南高乐山国家级自然保护区植物群落分为7个植被型组、10个植被型、112个群系，分类如下。

1. 针叶林

(1)落叶针叶林含 2 个群系：水杉林、落羽杉林等。

水杉林

落羽杉林

（2）常绿针叶林含5个群系：火炬松林、马尾松林、湿地松林、油松林、黑松林等。

火炬松林

马尾松林

湿地松林

油松林

2．阔叶林

（1）落叶阔叶林含 21 个群系：栓皮栎林、麻栎林、茅栗林、化香树林、青檀林、黄檀林、大果榉林、茶条枫林、千金榆林、枳椇林、大叶朴林、朴树林、盐肤木林、板栗林、油桐林等。

麻栎林

大果榉林

板栗林

油桐林

(2)针阔叶混交林含5个群系：马尾松、麻栎、栓皮栎林，马尾松、化香树混交林，杉木、栓皮栎混交林等。

杉杨针阔叶混交林

松栌针阔叶混交林

3. 竹林

竹林含 8 个群系。

竹林

毛竹

4. 灌丛

灌丛含 34 个群系。

(1) 常绿灌丛：胡颓子灌丛、枸骨灌丛、海桐灌丛、山矾灌丛等。

(2) 落叶灌丛：黄栌灌丛、山胡椒灌丛、牛鼻栓灌丛、黄荆灌丛、白鹃梅灌丛、酸枣灌丛、白檀灌丛、杜鹃灌丛、连翘灌丛、野茉莉灌丛、野山楂灌丛、胡枝子灌丛等。

黄栌灌丛

野山楂灌丛

5. 灌草丛

灌草丛含 3 个群系：荆条、酸枣、黄背草灌草丛、白茅草丛、野古草草丛、野青茅草丛、白羊草草丛、斑茅草丛等。

酸枣灌丛

牡荆灌丛

6. 草甸

草甸含 16 个群系。

绵枣儿河滩草甸

草甸

7. 沼泽植被和水生植被

(1) 沼泽植被含 6 个群系。

芦苇群落

香蒲群落

(2)水生植被含 12 个群系。

①挺水植被: 慈菇群落、泽泻群落、菖蒲群落、菰群落、莲群落、双穗雀稗群落等。

双穗雀稗群落

菖蒲群落

②浮水植被：满江红、槐叶萍群落、紫萍群落、欧菱群落、浮叶眼子菜群落等。

欧菱群落

浮叶眼子菜群落

③沉水植被：狐尾藻群落、黑藻群落、菹草群落、竹叶眼子菜群落等。

黑藻群落

菹草群落

二、野生动物资源

（一）动物种类

根据南阳市野生动物保护站监测和走访调查，截至 2021 年 12 月，记录到高乐山自然保护区鸟类 264 种，隶属 19 目 58 科。记录到野生动物 318 种，隶属 29 目 84 科。爬行动物 22 种，隶属 2 目 7 科；两栖动物 8 种，隶属 2 目 5 科；哺乳动物 24 种，隶属 6 目 14 科。

（二）动物区系

动物区系组成中，具有我国东洋界和古北界两大界的成分。其中属古北界的有 20 种，占本区全部兽类的 39.62%；属东洋界的有 24 种，占 45.3%；广布种 9 种，占 16.98%。显然，陆生脊椎动物以东洋界和古北界种类为绝对优势。

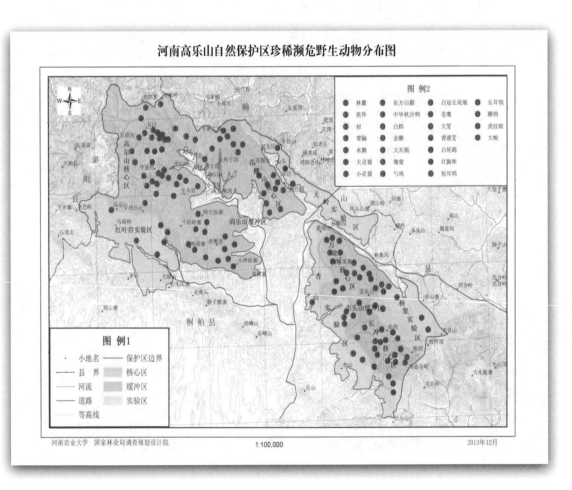

河南高乐山自然保护区珍稀濒危野生动物分布图

白鹭

白冠长尾雉

野山鸡

斑尾鹃鸠

画眉

黄雀

中华秋沙鸭

野鸭

林麝

水獭

松鼠

乌龟

青羊

黄鼠狼

狗獾

穿山甲

野猪

猪獾子

三、水资源

高乐山自然保护区山峰凌立、峡谷纵横，自然形成众多溪流，呈树枝状分布，多为短窄的山沟小溪，随流而下分别注入五里河和毛集河，在固县镇境内的魏家小河和张畈村处分别汇入淮河。同时，保护区由于地处暖温带与亚热带交汇地带，适宜植物生长，涵养水源丰富，地表水系十分发达，是众多水库的汇水区。区内有溜石板、连庄、李庄、高庄、顾老庄、火神庙、梅塘、长立、南沟等中、小型水库。

高乐山自然保护区区域内的水库水塘

四、景观资源

高乐山自然保护区地处我国北亚热带、暖温带过渡区的桐柏山余脉，是淮河源头一级支流五里河、毛集河的发源地。区域地理位置独特，自然风光景观优美，植物群落类型众多，民间传说历史悠久。沁人心脾的绿水青山、寓意隽永的地质奇观、变幻莫测的云飘雾彩、令人着迷的季相变化、千姿百态的植物资源、珍稀可爱的野生动物、丰富浓厚的红色文化遗址等资源，构成了一幅幅美丽的画卷。春天空谷幽兰，迎春绽放，杜鹃烂漫；夏天古木参天，浓荫蔽日，山林内外两重天；秋天金风送爽，枫叶流丹，层林尽染，秋色无边；冬日满天飞絮，银装素裹，玉树琼花。真可谓万山俊秀，四季皆春，自然形成了一系列具有观赏价值的旅游资源，成为桐柏一大特色生态旅游景观。随着人们生活水平的提高，回归自然已成为大众休闲的时尚选择，到保护区旅游的人数日趋上升，开发潜力巨大，前景十分广阔。

（一）自然景观资源

保护区内第一高峰——祖师顶，位于南阳市桐柏县、驻马店市确山县与信阳市平桥区三市两县一区交界处，山峰凌立，层峦叠嶂。周边景点有仙人洞、熊洞、十八拐、跑马岭、歪头山、万家寨古寨墙等。

保护区内第二高峰——高乐山，地处南阳市桐柏县与驻马店市泌阳县交界处，东西走向，其南北余脉纵横，山势陡峭，气势壮观，怪石嶙峋，形态生动。主要景点有悄悄私语、石瀑奔流、天刀劈顽石、乳羔盼母、相守千年、金兔待嫦娥、八戒望月、绝处逢生、神龟争峰、群仙聚会、相思泪、石柱擎天、盘古奶山、金蛇出洞、擦擦石、纱帽石、启母顶、蛤蟆望月、惊雷劈石等。

悄悄私语

石瀑奔流

天刀劈顽石

乳羔盼母

相守千年

金兔待嫦娥

八戒望月

绝处逢生

神龟争峰

群仙聚会

相思泪

石柱擎天

（二）森林景观资源

高乐山自然保护区峰岭相连，沟谷竞秀，奇石凌立，树木苍翠，绿装素裹，风景秀丽。广为流传的民间传说、怪异奇特的地质景观、丰富多彩的植被类型，形成了众多极具开发观赏价值的旅游资源。其中黄栌（红叶）资源占 30 余 km²，分布在连绵数十里的山岭沟壑间，是深秋时节一大景观。岭上怪石嶙峋，岭下红叶烂漫，其面积之广，蔚为壮观。独特的植物群落、自然的山石野花，已成为远近游客晚秋冬初的游览观赏区。每逢深秋时节，万山红遍，层林尽染。远近游客纷至沓来，漫步在林间小道，攀爬上怪石奇峰，眺望秀水青山，静闻鸟语花香，欣赏自然风光之美，享受森林氧吧愉悦，犹如身处世外桃源，令游客流连忘返，叹为观止，摄像留影，络绎不绝。

绿装素裹

碧云天 红叶地

绿荫护碧螺

千年银杏

山舞银蛇

（三）红色旅游资源

桐柏革命红色根据地之一的回龙乡榨楼村，位于高乐山自然保护区第一主峰祖师顶南缘，四周被山峰树林包裹，北翻杨集交确山县界 5 km，东至信阳市界 1 km。土地革命战争时期，曾是中国共产党鄂豫边省委机关和鄂豫边游击区所在地。抗日战争时期，是中央中原局所在地——确山竹沟的大后方，刘少奇、李先念、彭雪枫、仝中玉、王国华等老一辈革命家曾在此组织领导了红色老区人民的革命斗争，旧址保存完好。中华人民共和国成立后，对原址进行保护和修缮，2006 年，被评为省级文物保护单位，现在是全国主题教育示范基地。

榨楼红色根据地旧址

　　另外，还有抗日战争时期在回龙乡黄楝岗龙窝北小寨建立的中原局印刷厂，新四军四支队八团队留守处在马大庄建立的医院和在苇子沟、黄楝岗狗蕉爬设立的伤病员休养所，豫南地委在汪大庄建立的豫南抗日军政大学和被服厂，在郭庄设立的枪支修造厂等旧址，文字据实，记载详细，红色文化底蕴丰厚，极具开发红色旅游潜力，为游客提供红色文化教育基地。

龙窝重要革命旧址

第四节 综合价值评价

　　高乐山自然保护区的建设和发展，对于维护淮河源头的生态安全、保存和发展保护区内珍稀动植物种群森林生态系统、保持水土、涵养水源、净化空气、维持地区生态平衡和自然资源的永续发展等发挥着重要作用，对保证淮河中下游数亿人口的生活和工业农业用水、提升老区桐柏城市品位、发展红色旅游和生态旅游相结合的现代旅游业以及桐柏未来的长远发展等具有重要的战略意义。

一、生态效益

　　高乐山自然保护区的建立，丰富的森林植被和天然的地理环境为该区域动植物提供了良好的生存繁衍空间和栖息地，在防风固沙、调节气候、美化环境、防止水土流失和物种保存及保护物种多样性等方面发挥着重要作用；从宏观上控制了保护区范围内自然与人为因素对资源和环境的影响；对有效发挥保护区内生态系统的多种生态功能，维持保护区生态系统的完整性、稳定性、自然性等方面的作用是无法估量的。

（一）有利于保护和提高淮河源头的水源涵养和径流能力

　　淮河，因其流域面积广，两岸居住人口密集，流域内风调雨顺或旱涝灾害对中华民族的政治经济生活影响甚大，因而被华夏儿女尊为"风水河"。高乐山自然保护区是千里淮河的发源地之一，也是淮河源头重要的贮水库，是溜石板、连庄、高庄等众多中小型水库的汇水区。长期以来，由于当地居民受"靠山吃山"理念的束缚，生活生产方式原始落后，不合理的林牧业经营，导致淮河源头生态系统面临巨大的环境生态压力，水源涵养机制受损严重，源头涌水量逐年减少，许多地下泉眼断流。每年在7月、8月集中降水期，丰富的雨量又容易形成大洪水，如果保护区森林生态系统遭到破坏，泛滥的洪水裹着泥沙奔涌而下，流入淮河及水库，将增加淮河的泥沙含量和洪水量，缩短淮河上水利工程的使用寿命，增大淮河治理及防洪泄洪难度。因此，高乐山自然保护区的建立，可以有效地保护区内的野生动植物资源，为动植物提供理想的繁衍生息环境。随着自然生态的恢复，在涵养水源、调节气候、维护地区生态平衡、改善周边生态环境、增加该区域水源涵养能量、提高中下游河流的生活水源质量、带动地方经济的发展等方面发挥着至关重要的作用。

（二）有利于保护生物多样性，维护生物多样性的栖息环境

高乐山自然保护区地处淮河源头，区域内有丰富的森林植被资源、良好的自然生态系统而显示出生物物种多种多样和生态景观的复杂性以及较为适宜的栖息环境。

(1)保护暖温带南缘、桐柏山北支典型原生植被。

保护区内有多种珍稀濒危动植物，是一个名符其实的生物基因库，区内的生物多样性保证了暖温带南缘、桐柏山北支典型原生植被的稳定性和完整性。保护区的建设和发展，对保护区内暖温带南缘、桐柏山北支的当地典型原生植被和生物多样性具有极其重要的意义。

(2)水源涵养效益。

水源涵养林是具有特殊意义的水土防护林种，是一种复杂的森林生态系统，不但具有森林普遍具有的生态、经济效益和社会效益，最主要的是具有涵养保护水源、净化水质和调节气候等生态服务功能。高乐山自然保护区的水源涵养林对淮河源水源涵养有着十分重要的作用。

(3)净化空气、调节气候。

保护区内生物多样性丰富，完好的森林植被，可以吸收有害气体和烟尘，提供清洁的大气环境，在调节小气候方面有重要作用。

（三）有利于促进社会经济和生态环境的协调，实现自然资源的可持续利用

生态经济系统平衡是实施可持续发展的理论依据之一，是支持人类社会生存与发展的保证。生态经济平衡是建立在生态环境和社会经济相对协调基础之上的。建立淮河源头生态功能保护区，能够从根本上改变源头地区居民的生产生活观念和方式。保护区管理局牢固树立尊重自然、顺应自然、保护自然的生态文明理念，坚持以生态效益为主，社会、经济效益并重的原则，正确处理保护、利用和科研的关系，实现社会、生态效益与经济效益的合理结合，将社会经济发展和可持续利用理念融入生态文明建设全过程，促进保护生物多样性成为公民自觉行动，形成生物多样性保护、推动绿色发展和人与自然和谐共生的良好局面，有效地协调社会经济发展与生态环境良性循环的关系，促进生态经济的可持续发展，共建万物和谐美丽家园。

二、社会效益

保护区是普及自然科学知识的重要场所，是科学研究的重要基地，对于发展生产、保护环境和推动社会主义现代化建设具有重要意义。

（一）促进社会文明进步

自然保护区是全社会认识自然、保护自然重要性的窗口。高乐山自然保护区良好的森林生态系统、丰富的动植物资源，是森林、生态、动物、植物、环境、水文、地质、土壤、气象等学科理想的天然实验室，又是林学、生物学、地质、水利、药学等大专院校很好的教学实习基地。随着自然保护区多种效益的展现，人们直观地感受到保护动植物、保护自然的深刻意义，唤起人们保护自然的使命感。在这里可进行森林生态、生物、环保、自然保护等方面的科学考察、学术交流、专题报告，组织夏令营、科普旅游活动，利用现场参观、动植物标本、模型、图片、散发科普材料等形式普及科学知识，为人们了解自然、增强保护环境意识发挥了积极作用。

（二）促进经济社会发展

自然保护区是经济有效地利用自然资源的示范地。在经济社会发展中，坚持以保护为主，通过对名贵药材、经济林及速生丰产林的开发，以及珍稀动物的饲养繁殖试验，将成为综合高效地利用自然资源的典范，有着重要的推广应用价值。同时，加速信息交流，充分发挥保护区自然资源优势，通过技术辐射，直接影响周围地区的产业结构，促进当地种植业和养殖业的发展，为当地社区群众提供更多的就业机会，增加群众收入，改善生产、生活条件，实现合理开发利用自然资源的示范作用，促进经济社会发展。

（三）促进生态旅游建设

高乐山自然保护区内山峰环列、层峦叠嶂、沟谷纵横、森林茂密。秀丽的自然风光、良好的生态环境、众多的旅游景点、天然的"氧吧"，吸引了八方来客来此观光、旅游、学术交流、科考、疗养、探索。合理开发生态旅游，促进生态旅游事业的健康发展，充分发挥旅游业具有的保护、恢复生态和治理环境的潜在功能，必将带动第三产业迅猛发展。这不仅为当地群众增加了就业机会和经济收入，而且能够满足人们对回归自然、探奇揽胜的精神生活需求，使人们在轻松的游览中获得广博的科学知识和美的享受，激发人们的想象力和创造热情，陶冶人们的情操，拓展人们的视野，增进人们的身心健康，促进地方经济发展，逐步实现淮河源头生态环境和社会经济发展的双赢目标。

（四）科研、科普教育的理想基地

自然保护区是可持续发展"资源储备库"和实验室。高乐山自然保护区总面积 10 612 hm²，并连接成片，形成较大范围的自然整体，而不是几个孤立的"绿色岛屿"。因此，有利于自然生态系统和物种的保护及管理，集中连片还能够满足生物物种生息繁衍的需要，有效维持生态系统的结构和功能。保护区的建立，可通过争取国家项目，与国内外高校和科研单位合作，引进人才，对区内具有经济价值的物种进行驯养和改良，用现代技术开发保护区内有观赏、药用、食用、工业原料用的动植物，把资源优势转化为经济优势，逐步实现生态保护、社会效益齐头并进，人与自然和谐共存的有机统一。

三、经济效益

高乐山自然保护区的建设和发展，不仅具有显著的生态效益和社会效益，也具有一定的经济效益，这对于促进自然保护事业和社区经济的发展，协调保护与发展的关系，实现资源、环境与经济的可持续发展，具有重要意义。随着保护区建设的健康运行，保护区管理局将充分利用现有条件，在科学的指导下，合理地利用自然资源，在实现保护生态的同时，创造良好的经济效益：

（1）涵养水源每年可产生的经济效益。

（2）森林生长每年积累增加储量产生的价值。

（3）保护土壤，减少水土流失和土壤侵蚀的间接价值。

（4）生态的改善为地区创造的良好投资环境所带动的间接价值。

（5）建设油茶、药材等经济林基地。

（6）开发生态旅游景点，带动地方产业发展，促进自然保护区森林生态保护与社区全面发展和谐并进。

四、生态质量评析

（一）自然性

高乐山自然保护区地形复杂，区内森林生态系统和天然植被保存较为完好，植被覆盖率94%，特别在低海拔地带广泛分布着大面积的常绿阔叶林，具有较好的原生性自然景观和野生动植物资源，群落层次多、结构复杂。中下部较为平缓区域虽遭到人类一定程度的侵扰破坏，但生态系统无明显的结构变化，生境基本保存完好。

（二）多样性

高乐山自然保护区气候适宜，雨水较多、湿度较大，加上地形较为复杂，高低悬殊大，气候、土壤呈现一定的垂直变化，形成了区内多种多样的独特生态小环境，为各种不同生物提供了良好的生存条件。保护区总面积 10 612 hm²，保存有7 个植被型组，10 个植被型，112 个群系。包含了我国南暖温带向北亚热带过渡地区大部分的植被类型，不仅是天然的植物园，还是"天然药材园""天然花卉园"等，充分体现出植物种类多，多样性高。

（三）稀有性

高乐山自然保护区独特的地质、地貌与气候孕育了众多的物种，分布着国家珍稀濒危植物共 52 种。国家一级保护植物有南方红豆杉、红豆杉 2 种，二级保护植物有杜仲、野大豆、大叶榉、青檀等 31 种；被《中国植物红皮书（第一册）》

收录 15 种；属河南省重点保护的有 28 种；列入国家重点保护野生动物的有 60 种，河南省重点保护物种 17 种，世界自然保护联盟受威胁物种 14 种；国家保护的有益的或者有重要经济、科学研究价值的陆生野生动物共有 175 种。

（四）代表性

高乐山自然保护区地处北亚热带向暖温带的过渡带，独特的地理位置和温和湿润的气候特征，形成了典型的过渡带自然生态系统。保护区的森林生态系统比较完整，植被类型属北亚热带常绿林向暖温带落叶林的过渡型，华北、华中与华东成分各占 1/3。植物区系中含有较多的原始种类、单种属和特有成分。许多第三纪孑遗植物在此分布，其中原始类型的壳斗科、金缕梅科等所含属种是该区域森林植物的主要建群种和优势种。在局部地段还保留了一定面积的原生性森林和天然次生林，海拔 500 m 以下是典型的亚热带常绿阔叶林；海拔 500 m 以上为北亚热带山地类型，基本上是常绿落叶阔叶混交林；海拔 700 m 以上主要是天然灌丛和草甸。森林植被明显呈乔（麻栎、化香等）、灌（山胡椒、浅肤木等）、草（羊胡子草、野苎麻等）三层结构，具有典型的北亚热带向暖温带的过渡带特征。

（五）脆弱性

高乐山自然保护区处于我国内陆山区，周边人口多，人为活动频繁，经济比较落后，社区经济发展对自然资源依赖性强，保护区的生态环境受人为干扰威胁较大。同时，保护区地质地貌复杂多样，由于经历多次地质构造运动，成土母质有片麻岩、花岗岩等。地形以中山高丘为主，多为切削深度大的 V 形沟谷，部分为低山丘陵，由于降水丰富，径流量大，土层较薄，森林生态系统一旦遭到破坏不容易恢复，这在一定程度上说明了自然生态系统自身的脆弱性。

（六）适宜性

高乐山自然保护区总面积 10 612 hm²，其中核心区 3 663.5 hm²，缓冲区 3 093.5 hm²，实验区 3 855 hm²。其有效面积适宜，且山地相连，能够满足生物物种生息繁衍的需要，有效维持生态系统的结构与功能，较好地保护全部保护对象。

（七）学术性

高乐山自然保护区独特的地理位置和自然环境，孕育了丰富的物种多样性，是研究北亚热带到暖温带生态交错带上，亚热带森林生态系统发生、发展及演替的活教材，汇集了多种区系地理成分，加上生态系统的多样性，丰富的珍稀濒危动植物资源，使得高乐山自然保护区成为良好的科研、教学基地，长期以来，受到了有关高等院校、科研机构和许多著名专家学者的关注。

五、总体评价

高乐山自然保护区地处淮河源头流域，属"自然生态系统类"中的"森林生态系统"类型，是南北气候过渡地带和典型的自然地理区域，具有优越的地理位置和适宜的气候条件。区内蕴藏着丰富的野生动植物资源和淮河水源涵养林，具有很高的保护价值和科学研究价值。良好的生态环境，可以为森林旅游、科学研究、教学实习、生态文明教育等提供良好基地，对于淮河流域的生态安全、水土保持以及经济建设等都具有非常重要的意义，对维护淮河流域及其下游国家和地区的生态安全有着不可替代的生态功能。

(1) 保护了珍稀动植物资源。为促进生物资源的协调稳定发展，通过有效的综合保护，使得保护区森林生态系统处于更加协调的良性状态，促使森林生态结构、功能不断提高，使得整个生态系统内部的动物之间、植物之间、动植物之间处于协调增长和平衡发展的良好状态，对保护生物资源和维护自然界的生态平衡起着十分重要的作用。

(2) 保护了北亚热带向暖带过渡的典型森林生态系统。通过为研究过渡带的自然生态系统提供重要基地，可以长期探索过渡带的自然生态系统的演变规律，逐步恢复人为破坏的自然植被和森林生态系统，监测自然植被对净化空气、涵养水源、保持水土、调节气候、减缓地表径流、防止有害辐射等重要功能，以提高人们对保护自然的认识，增强在生产建设中对自然维护和维持生态平衡的意识。

(3) 保护了丰富的生物物种基因。在保护区这个巨大的物种基因库里，现有维管植物 176 科 740 属 1 840 余种，陆栖脊椎动物 300 余种，森林昆虫 2 000 余种，生物物种资源利用价值之大，利用前景之广阔，无法估量。随着科学技术的进步和发展，它们为农作物新品种的培育、林木良种的优化、工业原料的扩大、药材的开发利用、野生动物饲养、有益昆虫的繁殖以及生物工程等提供了条件，潜力巨大。

(4) 保护了区内的天然森林生态环境。通过科学规划和精准施策，森林植被逐渐恢复和发展，林分结构日趋合理，自然环境得到改善，森林生态的多种功能与效能逐步提高，促使保护区周边环境向着良性循环发展，对加快淮河流域的治理、控制水旱灾害的发生、促进周围地区农业的稳定高产、保障人们的身心健康，发挥了极其重要的作用。

总之，高乐山自然保护区的建设和发展，对于淮河源头的森林生态系统安全、保存和发展保护区内珍稀动植物种群及保持水土、涵养水源等发挥着独特的生态功能和效益。在改善区域生态环境、建设生态文明、促进人与自然和谐发展中占有十分重要的地位和作用，对保证淮河中下游数亿人口的生活用水和工业农业用水具有重大的战略意义。

多年来，在上级党委、政府领导下，在相关部门的支持下，保护区管理局领导班子立足实际，审时度势，完善自身建设，强化资源管理，加大保护力度，增加科技投入，带领广大干部职工坚定不移走生态优先、绿色发展之路，积极开展资源保护管理、基础设施建设、生态治理修复工程，取得明显成效。

随着保护区的渐进式发展，管理水平大幅度提高，队伍建设进一步规范。健全了规章制度，扩大了宣传范围，明确了保护目标，完善了保护措施，层层夯实责任，处处监管到位。经过近些年的建设，保护区森林蓄积量大幅增长，森林覆盖率明显提高，珍稀保护物种的种群数量有所增加，森林生态系统得到有效保护，各项工作逐步迈上常规化管理轨道，一幅幅生态保护绘就的美丽画卷正在徐徐展开。

第三章 高乐山自然保护区申报

20 世纪 90 年代后期，随着市场竞争的日益激烈，国有林场多种经营生产的初级产品市场竞争力下降，经济效益下滑。林场经济危困局面开始显现。为此，1997 年以后，中央围绕林场如何摆脱困境，建立健康发展的长效机制进行了积极探索。随着国家经济社会的快速发展和综合实力的增强，人民的物质生活水平不断提高，精神文化需求日益增长，对林业的主导需求也发生了根本性的变化。国家对林业的指导思想进行了及时调整，提出了以生态建设为主的林业发展战略，林业工作的重点从以木材生产为主转向了以生态建设为主。为适应这一变化了的新形势，国家陆续启动了天然林保护、退耕还林等一系列重大生态工程，全国自然保护区建设呈现跨越式发展，保护生态环境和生物多样性、开发和利用森林自然资源，越来越受到人们的重视，保护区数量、规模快速增加。随着国务院批准实施的六大林业重点工程的全面启动，地处淮河源头的毛集林场借此契机，审时度势，细致谋划，在申请林场升格转型的同时，将申报建立自然保护区工作纳入重点议事日程，开始踏上申报之路。

第一节 桐柏高乐山省级自然保护区申报

2000 年，根据国家林业局计资司〔2000〕64 号《关于规范国家级自然保护区总体规划和建设程序有关问题的通知》精神，毛集林场申报建立保护区工作全面启动。2001 年，在桐柏县委、县政府大力支持下，由南阳市林业勘察设计管理站主持，市林管站、桐柏县林业局、毛集林场联合组成的调查队，深入林区开展调查、收集工作，经过调查组成员艰难的调查走访、整理绘编，2001 年 9 月，以毛集林场为基础、以高乐山为中心的《关于建立桐柏高乐山自然保护区可行性研究报告》

和《高乐山自然保护区自然考察报告》及桐柏县林业局、环保局联合编制的《桐柏高乐山森林生态综合自然保护区总体规划》文稿完成，按程序报至桐柏县人民政府。

2002 年 4 月 9 日，桐柏县人民政府《关于建立桐柏高乐山省级自保护区的请示》（桐政文〔2002〕17 号）报至南阳市人民政府。

同年 5 月 14 日，南阳市人民政府《关于建立桐柏高乐山省级自然保护区的请示》（宛政文〔2002〕41 号）上报河南省人民政府。

2003 年 8 月，南阳市人民政府向河南省相关职能部门上报《河南省桐柏高乐山自然保护区建立省级自然保护区申报书》。同年，河南省环保局组织专家组到拟建的高乐山自然保护区进行实地考察评审。

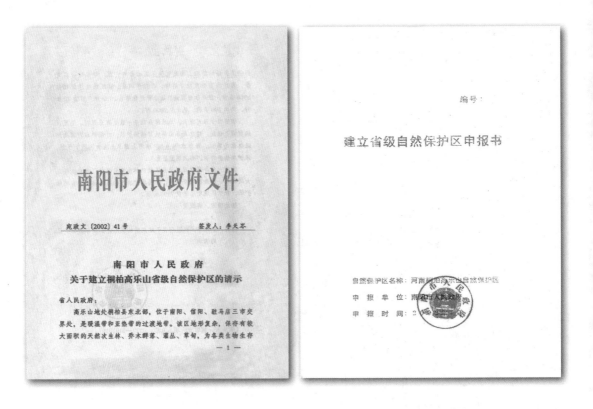

2003 年 11 月 17 日，南阳市人民政府根据河南省林业厅、环保局组织专家组到桐柏县高乐山现场考察时提出的"不适当增加面积，连接成片，将不利于保护淮河源头的水源涵养林"的意见，向河南省人民政府递交了《关于宛政文〔2002〕41 号文件的补充说明》，将原申报面积 7 990 hm² 增至 9 060 hm²。

2004 年 2 月 26 日，河南省人民政府《关于建立桐柏高乐山省级自然保护区的批复》(豫政文〔2004〕33 号)，同意建立桐柏高乐山省级自然保护区。

南阳市人民政府

南阳市人民政府
关于宛政文〔2002〕41号文件的补充说明

河南省人民政府：

我市于2002年5月14日以宛政文〔2002〕41号文件上报《南阳市人民政府关于建立桐柏高乐山省级自然保护区的请示》，所申报内保护区规划总面积7990公顷。2003年7月，省林业厅、环保局组织专家赴桐柏县高乐山自然保护区现场考察，指出该保护区位于淮河源头，淮河源头两条一级支流五里河、毛集河都发源于该区，如源头区不适当增加面积，连接成片，将不利于保护淮河源头的水源涵养林。据此，我市在正式申报时根据专家意见，增加1070公顷面积，使该保护区面积达到9060公顷。

特此说明

二○○三年十一月十七日

河南省人民政府文件

豫政文〔2004〕33号

河南省人民政府
关于建立桐柏高乐山省级自然保护区的
批　　复

南阳市人民政府：

《南阳市人民政府关于建立桐柏高乐山省级自然保护区的请示》（宛政文〔2002〕41号）收悉。经研究，现批复如下：

一、同意建立桐柏高乐山省级自然保护区，保护区面积为9060公顷，省林业厅为主管部门。

二、你市要严格按照《中华人民共和国自然保护区条例》等有关法律法规的规定，加强对自然保护区工作的领导，妥善处理自然保护区与当地经济建设和群众生产、生活的关系，尽快建立健全管理体制，制定严格的管理措施，切实做好保护工作。

— 1 —

附原文：

河南省人民政府文件

豫政文〔2004〕33号

河南省人民政府

关于建立桐柏高乐山省级自然保护区的批复

南阳市人民政府：

《南阳市人民政府关于建立桐柏高乐山省级自然保护区的请示》（宛政文〔2002〕41号）收悉。经研究，现批复如下：

一、同意建立桐柏高乐山省级自然保护区，保护区面积为 9 060 hm²，省林业厅为主管部门。

二、你市要严格按照《中华人民共和国自然保护区条例》等有关法律法规的规定，加强对自然保护区工作的领导，妥善处理自然保护区与当地经济建设和群众生产、生活的关系，尽快建立健全管理体制，制定严格的管理措施，切实做好保护工作。

三、自然保护区总体规划应在保护区批准建立一年内报省政府审批，经批准的总体规划及设计方案报省环保局备案。

此复。

河南省人民政府

二〇〇四年二月二十六日

桐柏高乐山省级自然保护区的成立，不仅调整了毛集林场的人员结构和生产管理结构，而且完成了毛集林场整体向高乐山自然保护区的重心转移。2004年5月16日，桐柏县林业局桐林〔2004〕第22号文，向桐柏县机构编制委员会请示解决桐柏高乐山省级自然保护区管理局编制。2004年9月28日，桐柏县机构编制委员会下发桐编〔2004〕8号文，同意成立桐柏高乐山省级自然保护区管理局。同时，对人员和机构编制进行了明确。

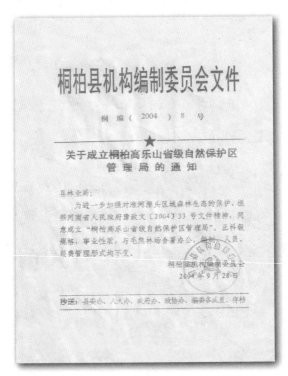

保护区成立后，严格执行《中华人民共和国自然保护区条例》，建立健全保护区管理制度，层层落实管护责任，明确保护范围和目标任务，加强管护力量，

加大宣传力度，增加保护投入，积极开展资源调查和保护区总体规划编制等工作，逐步形成了一个完整的、有效的保护管理体制。

2008 年 8 月 10 日，由河南省林业厅调查规划院与桐柏高乐山省级自然保护区管理局共同编制的《河南省桐柏高乐山省级自然保护区总体规划》报至南阳市林业局。

2008 年 8 月 15 日，南阳市林业局宛林护〔2008〕18 号文《关于呈报（桐柏高乐山省级自然保护区总体规划）的请示》报送省林业厅。

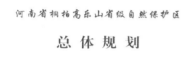

该总体规划聘请河南省林业调查规划院专家组承担，以国家有关自然保护区法律、法规和政策为依据，认真贯彻"全面保护自然资源，积极开展科学研究，大力发展生态资源，为国家和人类造福"和"加强资源保护，积极驯养繁殖，合理经营利用"的方针，按照"生态优先原则、全面规划原则、循序渐进原则、可持续发展原则、尊重自然原则、坚持高起点、高标准规划的原则"进行了科学规划。该总体规划以全面保护自然资源和生态环境，扩大种群数量，积极探索过渡带森林生态系统的结构、功能生产力和生物自然演替规律，搞好科普教育和生态监测，

为科研和教学实习创造良好的条件，在保护好自然资源的基础上，合理利用自然资源，因地制宜开展多种经营和生态旅游，提高自然保护区的综合效益，实现自然保护事业和周边社区的可持续发展。同时，积极引进国内外先进技术和管理手段，综合利用合理化，基本建设标准化，把高乐山自然保护区建成我国中部地区集自然保护、科学研究、科普旅游和社区协调发展为一体，合理利用有自己特色示范意义的综合性多功能省级自然保护区。

桐柏高乐山省级自然保护区经过近 10 年的建设和得力的管护，有效地保护了辖区内的野生动植物资源，增加了森林植被，改善了生态环境，森林蓄积逐步增加，森林覆盖率显著提高，营林生产、良种培育、资源保护等工作进入常态化管理。

第二节 河南高乐山国家级自然保护区申报

2004—2012 年，保护区管理局在桐柏县委、县政府领导下，在省、市、县林业局的支持下，做了大量卓有成效的工作，取得了令人瞩目的成绩，已基本具备国家级自然生态系统类的标准。为此，保护区管理局多次邀请国内知名专家、学者前来实地考察，并主动到相关职能部门提出晋升国家级自然保护区的想法，上级领导完全支持并指示"要抓紧运作"，申报晋级工作也由此全面展开。

2013 年 3 月，国家林业局规划设计院院长唐小平来桐柏考察时指出："桐柏高乐山省级自然保护区已具备申报国家级自然保护区条件，建立国家级自然保护区具有重要的现实意义"。在唐小平院士的建议下，为了进一步有效地保护好高乐山自然保护区这块绿色资源宝库，提升生态保护质量，提高资源管理层次，河南省各级政府和业务主管部门上下联动，分工协作，由河南省林业厅牵头，在桐柏县委、县政府积极协调下，成立了申报高乐山国家级自然保护区筹备工作组。

6 月，桐柏县成立了由发改委、财政局、环保局、林业局等 13 个局委和回龙乡、黄岗镇、毛集镇三个乡镇组成的"桐柏县申报国家级自然保护区工作领导小组"，在申报国家级自然保护区过程中，各乡镇及相关单位积极配合，申报工作紧锣密鼓地全面展开。申报小组成立的当月，保护区便在河南农业大学专家、教授的指导下完成了外业调研任务。

7月，根据国家林业局野生动植物保护与自然保护区管理司于2013年7月4日下发的《关于2014年申报晋升及调整国家级自然保护区有关事项的通知函》(护自函〔2013〕61号)文件精神，保护区管理局将已经准备齐全的晋升国家级自然保护区考察报告、申报简表等相关资料报至桐柏县林业局。

7月，受县林业局委托，国家林业局调查规划设计院承担了高乐山自然保护区的总体规划任务；中央电视台承担了高乐山自然保护区电视专题片、风光图片册的摄制工作。

8月21日，桐柏县林业局《关于高乐山省级自然保护区拟申报国家级自然保护区的报告》(桐林字〔2013〕75号)报送桐柏县人民政府。

10月9日，国家林业局野生动植物保护与自然保护区管理司下发《关于进一步做好拟晋升或调整国家级自然保护区工作的通知》(护自函〔2013〕96号)函，对拟晋升国家级保护区的单位进行了评审并提出指导性意见。

10月9日，国家林业局以护资函〔2013〕96号文通知："专家同意河南高乐山拟晋升国家级自然保护区"。

桐柏县林业局文件

桐林字〔 2013 〕75 号

★

桐柏县林业局
关于高乐山省级自然保护区拟申报国家级
自然保护区的报告

县委、县政府：

　　高乐山省级自然保护区于2004年3月1日被河南省人民政府正式批准成立。高乐山省级自然保护区属"自然生态系统类"中的"森林生态系统"类型，总面积11600hm²，高乐山自然保护区是在国有桐柏毛集林场的基础上形成。按照有关规定，高乐山省级自然保护区已具备晋升国家级自然保护区的条件。

　　拟晋升国家级的自然保护区总面积11600hm²，横跨回龙、黄岗、毛集三个乡镇行政区，在毛集林场的基础上改建而成，土地权属为毛集乡林场国有林地。拟建的国家级的自然保护区

11月20日，桐柏县人民政府《关于对高乐山省级自然保护区申请晋升国家级自然保护区的公示》在《今日桐柏》报纸上发布，就保护区的范围、保护对象等情况进行了公示。同时在保护区主要居民点、路口、学校张贴了公示，时间7

天（11月20—26日），公示期内，全县各单位和群众无异议。

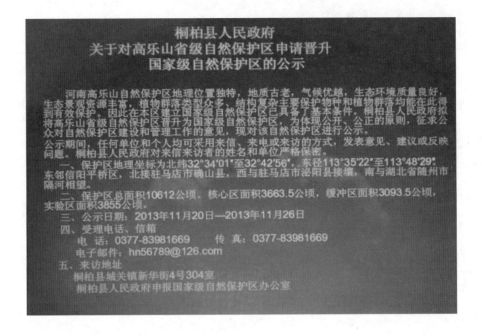

12月5日，桐柏县人民政府《关于建立河南省高乐山国家级自然保护区的请示》（桐政文〔2013〕47号）报至南阳市人民政府。

9 日，南阳市人民政府《关于河南桐柏高乐山省级保护区晋升为国家级保护区的请示》（宛政文〔2013〕114 号）上报河南省人民政府。

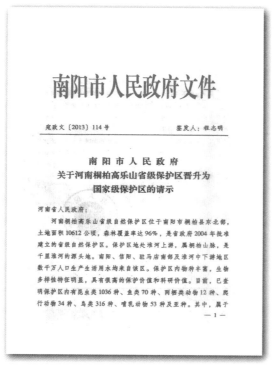

23 日，为加强高乐山省级自然保护区晋升国家级自然保护区工作的组织领导，根据国家、省、市的要求，经县政府研究决定，成立了由政府办牵头、林业局、发改委、回龙乡等 18 个局、委、镇（乡）参与的高乐山自然保护区晋升国家级自然保护区工作领导小组，以时任县长张荣印、副县长黄登科为正、副组长，县林业局局长朱盛为办公室主任，具体负责晋级的组织协调工作。同日，桐柏县人民政府办公室下发《关于成立高乐山自然保护区晋升国家级自然保护区工作领导小组的通知》（桐政办〔2013〕117 号），为高乐山保护区晋级工作提供了有力保障。

25 日，河南省林业系统自然保护区评审委员会在郑州召开了《河南高乐山国家级自然保护区总体规划》评审会，评审委员会一致同意通过《河南高乐山国家级自然保护区总体规划》和保护区的申报方案，建议按程序上报审批。

12 月，国家林业局调查规划设计院，用 6 个月时间完成了《河南高乐山国家级自然保护区总体规划》，河南农业大学用 6 个月时间完成了《河南高乐山国家级自然保护区科学考察集》的编撰工作，为高乐山国家级自然保护区的晋级申报奠定了基础。

12月底，河南省林业厅向河南省人民政府等相关职能部门上报了河南高乐山自然保护区《建立国家级自然保护区申报书》，同时，国家林业局调查规划设计院上报了《河南高乐山自然保护区总体规划（2014—2023年）》。

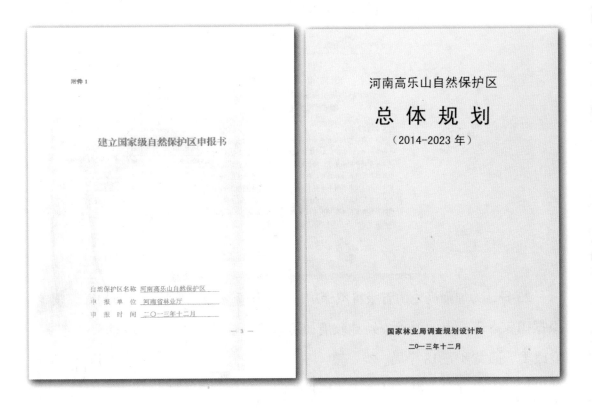

2014年1月17日，河南省地方级自然保护区评审委员会在郑州召开了《河南高乐山国家级自然保护区总体规划》评审会，一致同意通过《高乐山国家级自然保护区总体规划》及高乐山国家级自然保护区的申报方案，建议按程序上报审批。

2014年2月20日，国家林业局自然保护区研究中心下发《关于开展2014年林业系统国家级自然保护区评审工作的通知》，要求参加2014年国家级自然保护区晋升单位准备好汇报材料，于2月25日到国家林业局自然保护区研究中心报到，参加评审会。

2月21日，桐柏县人民政府《关于对高乐山省级自然保护区晋升国家级自然保护区公示结果的报告》（桐政文〔2014〕6号）报至国家林业局。

2月26—27日，国家林业系统国家级自然保护区评审委员会在北京召开了国家级自然保护区评审会，评审委员会一致同意通过《河南高乐山国家级自然保护区总体规划》和保护区的申报方案，建议按程序上报国务院国家级自然保护区评审委员会审批。

28日，河南省人民政府《关于申报河南高乐山国家级自然保护区的函》（豫政函〔2014〕8号）送至国家林业局。

同月，国家林业局将桐柏高乐山省级自然保护区申请《建立国家级自然保护区申报书》送至国家环境保护局评定。

11月，河南省林业厅、河南省环保厅、河南农业大学、南阳市林业局、桐柏县林业局、高乐山自然保护区管理局等单位参加编纂的《河南高乐山自然保护区科学考察集》，由河南科学技术出版社正式出版。

12月16—19日，国务院国家级自然保护区评审委员会在北京西苑饭店召开了晋升国家级自然保护区评审会，评审委员会全票通过《河南高乐山国家级自然保护区总体规划》和保护区的申报方案，建议按程序上报国务院审批。

2016年5月2日，国务院办公厅《关于公布辽宁楼子山等18处新建国家级自然保护区名单的通知》（国办发〔2016〕33号），河南高乐山国家级自然保护区位列其中。

附原文：

国务院办公厅文件

国办发〔2016〕33 号

国务院办公厅关于公布辽宁楼子山等 18 处新建
国家级自然保护区名单的通知

各省、自治区、直辖市人民政府，国务院各部委、各直属机构：

辽宁楼子山等 18 处新建国家级自然保护区已经国务院审定，现将名单予以公布。新建国家级自然保护区的面积、范围和功能分区等由环境保护部另行公布。有关地区要按照批准的面积和范围组织勘界，落实自然保护区土地权属，并在规定的时限内标明区界，予以公告。

自然保护区是推进生态文明、建设美丽中国的重要载体。强化自然保护区建设和管理，是贯彻落实创新、协调、绿色、开放、共享新发展理念的具体行动，是保护生物多样性、筑牢生态安全屏障、确保各类自然生态系统安全稳定、改善生态环境质量的有效举措。有关地区和部门要严格执行自然保护区条例等有关规定，认真贯彻《国务院办公厅关于做好自然保护区管理有关工作的通知》（国办发〔2010〕63 号）要求，严格落实生态环境保护责任，加强组织领导和协调配合，加大对涉及自然保护区各类环境违法违规行为的监管执法力度，妥善处理好自然保护区管理与当地经济建设及居民生产生活的关系，确保各项管理措施得到落实，不断提高国家级自然保护区建设和管理水平。

中华人民共和国国务院办公厅

2016 年 5 月 2 日

附名单：

新建国家级自然保护区名单（共计 18 处）

辽宁省

　　楼子山国家级自然保护区

吉林省
      通化石湖国家级自然保护区

黑龙江省
      北极村国家级自然保护区
      公别拉河国家级自然保护区
      碧水中华秋沙鸭国家级自然保护区
      翠北湿地国家级自然保护区

安徽省
      古井园国家级自然保护区

福建省
      峨嵋峰国家级自然保护区

江西省
      婺源森林鸟类国家级自然保护区

河南省
      高乐山国家级自然保护区

湖北省
      巴东金丝猴国家级自然保护区

广西壮族自治区
      银竹老山资源冷杉国家级自然保护区

贵州省
      佛顶山国家级自然保护区

西藏自治区
      麦地卡湿地国家级自然保护区

陕西省
      丹凤武关河珍稀水生动物国家级自然保护区
      黑河珍稀水生野生动物国家级自然保护区

新疆维吾尔自治区
      霍城四爪陆龟国家级自然保护区
      伊犁小叶白蜡国家级自然保护区

000675

国务院办公厅文件

国办发〔2016〕33号

国务院办公厅关于公布辽宁楼子山等18处
新建国家级自然保护区名单的通知

各省、自治区、直辖市人民政府，国务院各部委、各直属机构：

辽宁楼子山等18处新建国家级自然保护区已经国务院审定，现将名单予以公布。新建国家级自然保护区的面积、范围和功能分区等由环境保护部另行公布。有关地区要按照批准的面积和范围组织勘界，落实自然保护区土地权属，并在规定的时限内标明区界，予以公告。

自然保护区是推进生态文明、建设美丽中国的重要载体。强化自然保护区建设和管理，是贯彻落实创新、协调、绿色、开放、共享新发展理念的具体行动，是保护生物多样性、筑牢生态

— 1 —

安全屏障、确保各类自然生态系统安全稳定、改善生态环境质量的有效举措。有关地区和部门要严格执行自然保护区条例等有关规定，认真贯彻《国务院办公厅关于做好自然保护区管理有关工作的通知》（国办发〔2010〕63号）要求，严格落实生态环境保护责任，加强组织领导和协调配合，加大对涉及自然保护区各类环境违法违规行为的监管执法力度，妥善处理好自然保护区管理与当地经济建设及居民生产生活的关系，确保各项管理措施得到落实，不断提高国家级自然保护区建设和管理水平。

（此件公开发布）

— 2 —

新建国家级自然保护区名单

（共计18处）

辽宁省
    楼子山国家级自然保护区
吉林省
    通化石湖国家级自然保护区
黑龙江省
    北极村国家级自然保护区
    公别拉河国家级自然保护区
    碧水中华秋沙鸭国家级自然保护区
    翠北湿地国家级自然保护区
安徽省
    古井园国家级自然保护区
福建省
    峨嵋峰国家级自然保护区
江西省
    婺源森林鸟类国家级自然保护区
河南省
    高乐山国家级自然保护区

— 3 —

湖北省
    巴东金丝猴国家级自然保护区
广西壮族自治区
    银竹老山资源冷杉国家级自然保护区
贵州省
    佛顶山国家级自然保护区
西藏自治区
    麦地卡湿地国家级自然保护区
陕西省
    丹凤武关河珍稀水生动物国家级自然保护区
    黑河珍稀野生动物国家级自然保护区
新疆维吾尔自治区
    霍城四爪陆龟国家级自然保护区
    伊犁小叶白蜡国家级自然保护区

抄送：党中央各部门，各计划单列市人民政府，解放军各大单位、中央军委机关各部门。
    全国人大常委会办公厅，全国政协办公厅，高法院，高检院。
    各民主党派中央，全国工商联。

国务院办公厅秘书局　　　　　　　2016年5月5日印发

— 4 —

国务院办公厅文件原件

国家林业局颁发的证牌

2016 年，河南高乐山国家级自然保护区挂牌后，随着工作重心的转移，增设了林区、管理站，修缮和扩建了职工宿舍，增添管护人员和生活设施，并出台了一系列规章制度和相关管理措施。为适应国家级自然保护区管理工作的需要，借国有林场改革之契机，经积极申请并报桐柏县委批准，2017 年 12 月，桐柏县机构编制委员会《关于印发国有桐柏毛集林场（河南高乐山国家级自然保护区管理局）主要职责内设机构和人员编制规定的通知》（桐编〔2017〕46 号），确立了机构名称及性质，明确了内设机构与职责，为保护区管理局开展全面工作增加了强力保障。附全文：

桐柏县机构编制委员会

关于印发国有桐柏毛集林场（河南高乐山国家级自然保护区管理局）

主要职责内设机构和人员编制规定的通知

县林业局：

根据《中共河南省委、河南省人民政府关于印发〈国有林场改革实施方案〉的通知》（豫发〔2016〕15 号）、《中共南阳市委、南阳市人民政府关于印发〈南阳市国有林场改革实施方案〉的通知》（宛发〔2017〕26 号）及《河南省机构编制委员会办公室关于印发〈全省国有林场改革有关机构编制的指导意见〉的通知》

（豫编办〔2017〕162号）精神，经编委会研究同意，现将国有桐柏毛集林场（河南高乐山国家级自然保护区管理局）机构设置方案通知如下：

一、机构名称及性质

原桐柏县毛集林场更名为国有桐柏毛集林场，与河南高乐山国家级自然保护区管理局一个机构两块牌子，正科级规格，隶属县林业局领导，为公益一类事业单位。

二、主要职责

1. 在县委、县政府及上级主管部门的领导下，认真落实好党中央、国务院制定的各项林业方针、政策、法律、法规及地方各级政府制定的各项条例。

2. 依据《中华人民共和国森林法》《中华人民共和国森林法实施条例》等相关法律法规，以国有森林资源保护管理为核心，依法保护好国有林木、林地，严格执法，严厉打击偷砍盗伐、破坏动植物资源、毁林开垦、乱占林地等破坏国有森林资源的行为。

3. 承担本场森林资源培育和野生动植物资源保护工作，组织实施本场森林资源调查、动态监测和统计工作；制订本场林业中长期发展规划和年度计划；做好国家重点公益林和省级重点公益林管理工作；做好国家马尾松重点林木良种基地工作；做好管护区域内森林资源林业有害生物防治工作；承担区域内林地、林权的管理和合理开发利用工作；承担林业科技项目的实施推广工作；组织开展植树造林、种苗培育和封山育林工作；组织实施国家林业重点工程等工作。

4. 组织协调区内森林防火工作，预防和扑救森林火灾，确保国有森林资源不受损失。

5. 承建高乐山国家级自然保护区项目，并做好自然保护区管理工作，确保林区社会安全稳定。

6. 完成县委、县政府及上级主管部门交办的其他工作。

三、内设机构

根据上述职责，国有桐柏毛集林场（河南高乐山国家级自然保护区管理局）设 5 个内设机构。

（一）综合办公室

1. 负责信息的上传下达，修订和完善各项规章制度，起草各类文件和有关材料，编写工作计划、报告、总结及其他综合性材料，并负责来文收发登记工作。

2. 负责全场机关的政治学习和全场会议安排；做好全场的党务、精神文明和思想政治工作；负责工会、共青团、妇联、计划生育、社会治安综合治理工作。

3. 负责全场的后勤接待、车辆管理、房管、水电、环境卫生等后勤服务工作。

4. 做好本场的纪检、监察、信访、文秘、档案、信息、保密工作。

5. 负责内外部工作的联系和本单位内设机构、下属站（点）的综合协调工作。

6. 完成林场领导交办的其他工作任务。

（二）科技业务股

1. 制订本场林业中长期发展规划和年度计划；指导检查全场林业生产任务的落实。

2. 承担全场各类项目的调查、规划、设计、申报、检查及各项技术培训工作；负责全场专业技术人员的职称评定、选聘工作。

3. 指导全场各类森林资源的培育和管理工作；组织实施森林资源调查、动态监测和设计。

4. 开展科技成果的推广和林业适用技术的应用，实施科教兴林；承办林业科技攻关项目的组织指导和申报工作；林业技术监督和有关珍稀动植物品种的调查建档与保护管理工作。

5. 指导做好国家重点公益林和省级重点公益林的管理工作；做好管护区域内森林资源林业有害生物防治工作。

6. 完成林场领导交办的其他工作任务。

（三）资源保护股

1. 负责全场森林资源管护工作；组织实施天然林保护；做好国家重点公益林和省级重点公益林管理工作；做好森林资源的监测和调查统计工作，更新森林资源档案。

2. 负责监督管理护林员的日常巡护和工作完成情况，考核护林员的出勤，组织召开护林员例会；负责护林工作的年终考评和奖惩。

3. 组织调查处理山林权属纠纷，维护林区正常生产秩序，承办林业执法监督、行政复议，开展普法宣传教育。

4. 协助有关部门做好辖区内各类林业案件的侦破工作，加大对破坏资源案件的查处力度，维护林区社会治安稳定，保护国有森林资源。

5. 指挥协调辖区内的护林防火工作，开展护林防火的日常培训、宣传教育，明细责任，强化管理，确保无大的森林火灾发生。

6. 完成林场领导交办的其他工作任务。

（四）生产经营股

1. 贯彻和执行国家、省、市及林场制定的各类生态工程建设的各项政策和管理制度。

2. 制订林场中长期经济社会发展规划和产业开发计划，全面负责产业发展建设的组织协调。

3. 负责组织实施全场各类项目的生产建设工作；积极完成林场下达的各项年度生产任务；负责全场安全工作。

4. 负责抓好各项工程的质量自查验收及资金核算与结算工作。

5. 负责开拓经营创收渠道，增强自我发展能力，提高职工收入和林场经济实力。

6. 协助抓好招商引资，开展区内外经济合作。

7. 完成林场领导交办的其他工作任务。

（五）规划财务股

1. 贯彻执行《会计法》，按照财务会计制度规定认真办理各项会计业务。

2. 负责编制经费收支预算、林场各类人员工资发放工作。

3. 负责项目专项资金的报账审核审批工作。

4. 负责人事、职工工资、职工社会保险等工作。

5. 负责办理日常财务工作。

6. 负责场属单位固定资产管理和保值增值的监督。

7. 完成林场领导交办的其他工作任务。

四、下设单位

根据上述职责，国有桐柏毛集林场（河南高乐山国家级自然保护区管理局）下设 9 个单位。

（一）国家级马尾松良种基地

1. 承担林木良种科研攻关的组织实施，负责国家级林木良种基地的项目申报与管理实施工作，保证项目的顺利实施。

2. 负责全场林木良种基地的中耕抚育、病虫害防治、种子采收、制种等各项日常管理工作。

3. 组织指导林木良种培育管理技术，开展林木种苗培育、新技术、新成果的培训、推广、应用，承担引进、筛选培育适宜当地的林木种苗新品种、新树种，建好良种资源库。

4. 负责组织二代种子园的建设任务，积极开展良种基地的建设和生产培训任务。

5. 完成林场领导交办的其他工作任务。

（二）桐柏县第二森林消防队

1. 负责全场森林防火宣传、业务培训和森林火灾的扑救。

2. 负责森林火灾隐患排查，督查检查野外用火。

3. 负责森林防火设施、设备的管理和维护。

4. 负责森林防火专业队伍的日常管理和考核工作。

5. 做好森林火灾统计工作，建立森林火灾档案。

6. 承办林场交办的其他工作。

（三）回龙、马大庄、郭庄、黄岗、铁山、红卫、固县七个林区

1. 负责辖区的护林防火宣传，加强辖区内巡山护林，确保林木、林地、野生动植物等资源安全。

2. 负责辖区内护林员日常管理工作。

3. 负责辖区内护林点、瞭望台管理工作。

4. 负责协调周边村组关系，积极服务林场各项工作。

5. 组织和完成各部门下达的各项生产任务以及林场安排布置的其他工作。

6. 负责林区所属单位固定资产管理和保值增值的监督。

7. 完成林场领导交办的其他工作任务。

五、人员编制及领导职数

国有桐柏毛集林场核定事业编制 56 名，河南高乐山国家级自然保护区管理局核定事业编制 18 名，编制总数 74 名，其中场长（局长）1 名、副场长（副局长）3 名，中层领导 14 名，经费实行财政全额预算管理。

六、附则

本规定由县机构编制委员办公室负责解释，其调整由县机构编制委员会办公室按规定程序办理。

桐柏县机构编制委员会

2017 年 12 月 7 日

桐柏县机构编制委员会文件

桐编（2017）46号

★

桐柏县机构编制委员会
关于印发国有桐柏毛集林场（河南高乐山国家
级自然保护区管理局）主要职责内设机构
和人员编制规定的通知

县林业局：

根据《中共河南省委、河南省人民政府关于印发〈国有林场改革实施方案〉的通知》（豫发[2016]15号）、《中共南阳市委、南阳市人民政府关于印发〈南阳市国有林场改革实施方案〉的通知》（宛发[2017]26号）及《河南省机构编制委员会办公室关于

-1-

印发〈全省国有林场改革有关机构编制的指导意见〉的通知》（豫编办[2017]162号）精神，经编委会研究同意，现将国有桐柏毛集林场（河南高乐山国家级自然保护区管理局）机构设置方案通知如下：

一、机构名称及性质

原桐柏县毛集林场更名为国有桐柏毛集林场，与河南高乐山国家级自然保护区管理局一个机构两块牌子，正科级规格，隶属县林业局领导，为公益一类事业单位。

二、主要职责

1、在县委、县政府及上级主管部门的领导下，认真落实好党中央、国务院制定的各项林业方针、政策、法律、法规，及地方各级政府制定的各项条例。

2、依据《中华人民共和国森林法》、《中华人民共和国森林法实施条例》等相关法律法规，以国有森林资源管理为核心，依法保护好国有林木、林地，严格执法，严厉打击偷砍盗伐、破坏动植物资源、毁林开垦、乱占林地等破坏国有森林资源的行为。

3、承担本场森林资源培育和野生动植物资源保护工作，组织实施本场森林资源调查、动态监测和统计工作；制定本场林业中长期发展规划和年度计划；做好国家重点公益林和省级重点公益林管理工作；做好国家马尾松重点林木良种基地工作；做好管护区域内森林资源林业有害生物防治工作；承担区域内林地、林权的管理和合理开发利用工作；承担林业科技项目的实施推广工

-2-

3、负责项目专项资金的报账审核审批工作；

4、负责人事、职工工资、职工社会保险等工作；

5、负责办理日常财务工作；

6、负责场属单位固定资产管理和保值增值的监督；

7、完成林场领导交办的其他工作任务。

四、下设单位

根据上述职责，国有桐柏毛集林场（河南高乐山国家级自然保护区管理局）9个下属单位

（一）国家级马尾松良种基地

1、承担林木良种科研攻关的组织实施，负责国家级林木良种基地的项目申报与管理实施工作，保证项目的顺利实施。

2、负责全场林木良种基地的中耕抚育、病虫害防治、种子采收、制种等各项日常管理工作。

3、组织指导林木良种培育管理技术，开展林木种苗培育、新技术、新成果的培训、推广、应用，承担引进、筛选培育适宜当地的林木种苗新品种、新树种、建好良种资源库。

4、负责组织二代种子园的建设任务，积极开展良种基地的建设和生产培训任务。

5、完成林场领导交办的其他工作任务。

（二）桐柏县第二森林消防队

1、负责全场森林防火宣传、业务培训和森林火灾的扑救。

2、负责森林火灾隐患排查，督查检查野外用火。

3、负责森林防火设施、设备的管理和维护。

4、负责森林防火专业队伍的日常管理和考核工作。

-6-

5、做好森林火灾统计工作，建立森林火灾档案。

6、承办林场交办的其它工作。

（三）回龙、马大庄、郭庄、黄岗、铁山、红卫、围县七个林区

1、负责辖区的护林防火宣传，加强辖区内巡山护林，确保林木、林地、野生动植物等资源安全。

2、负责辖区内护林员日常管理工作。

3、负责辖区内护林点、瞭望台管理工作。

4、负责协调周边村组关系，积极服务林场各项工作。

5、组织和完成各部门下达的各项生产任务以及场安布置的其他工作。

6、负责林区所属单位固定资产管理和保值增值的监督。

7、完成林场领导交办的其他工作任务。

五、人员编制及领导职数

国有桐柏毛集林场核定事业编制56名，河南高乐山国家级自然保护区管理局核定事业编制18名，编制总数74名，其中：场长（局长）1名、副场长（副局长）3名、中层领导14名，经费实行财政全额预算管理。

六、附则

本规定由县机构编制委员会办公室负责解释，其调整由县机构编制委员会办公室按规定程序办理。

桐柏县机构编制委员会
2017年12月7日

-7-

桐柏县机构编制委员会文件原件节选

第四章 高乐山自然保护区建设

第一节 弘扬保护区精神 持续打赢生态保卫战

一、践行绿色理念，促进人与自然和谐共生

党的十九大以来，以习近平同志为核心的党中央站在中华民族永续发展的战略高度，深入推动生态文明体制改革，创造了举世瞩目的绿色发展奇迹，有力促进了人与自然和谐共生的现代化建设。大自然是奇妙的，是她哺育了人类，是她给人类以生存条件，是她编织出了一年四季，让生活在自然界的生物都吸收着大自然的灵气，发展延续，生生不息，所以人类要保护好大自然，接近大自然，热爱大自然。

恩格斯深刻指出：我们不要过分陶醉于我们人类对自然界的胜利。对于每一次这样的胜利，自然界都对我们进行报复。由此可知，自然界是生命之母，人与自然是相互依存、相互联系的。人类必须尊重自然、敬畏自然，始终要保持和维系自然界生态平衡。恩格斯的这一思想，启示当代人要树立尊重自然的理念，提示当代人在改造自然过程中，一定要顺其自然，按自然规律办事。因此，在建设人与自然和谐共生过程中，在自然资源利用、生态系统保护修复等方面，坚定不移地走生态优化、绿色低碳发展之路。

二、传承精神力量，夺取生态修复最佳战绩

河南高乐山国家级自然保护区建立以来，在其发展的 5 年中，用实际行动诠释了保护区精神，用科学数据证明了保护成果，用生动场景展示了生态修复新画卷。

（一）顾全大局，甘于奉献的家国情怀

保护区成立之前，由于历史原因，区内乱采矿、滥伐树现象随处可见，至保护区成立之初，已是沉疴积弊、满目疮痍，到处千疮百孔。在 2017 年至 2020 年

的四年间，全体保护区人齐心协力，大搞植树造林，绿化荒山，大兴环保工程，固山防水，保护区出现了可喜变化，特别是在国家七部委发起的"绿盾行动"中，更是经受住了严峻的考验。当时遥感点位多，整改面积大，缺设备、缺资金。面对现实，保护区管理局班子不畏艰难、冲锋在前，从国家的层面考虑问题，从长远角度去审视当下，积极创造条件开展生态修复工程。没有钱，就自筹资金购苗植树，干部职工齐上阵参与造林。当时正值秋季，秋雨绵绵，山路崎岖，但没有人掉队，没有人退缩，没有人喊累，轻伤不下"火线"，硬是用汗水浇出一片又一片苗壮的树苗，完成了全部点位的恢复。这种不等不靠、主动作为、顾全大局、甘于奉献的精神，得到上级多级领导的高度赞扬。

（二）不计得失，团结协作的优良作风

"绿盾2017"专项行动开展之初，高乐山国家级自然保护区一度成为全省保护区的热点，几个遥感监测点位更是聚焦点。形势严峻，压力大，任务重，时间紧。在这种情况下，保护区干部职工，咬紧牙关，连续奋战，团结协作，不分岗位，不分年龄，有多大力使多大劲，不计得失，白天挥汗如雨，夜晚挑灯夜战，没有星期天，不分节假日，早出晚归，加班加点。从运苗到栽种，从挖穴到封土，分工合作，井然有序，用最短时间完成了看似不可能完成的任务，充分体现了保护区人的凝聚力和向心力，给省、市相关部门和县政府交上了一份满意的答卷。

咬紧牙关　连续奋战

（三）求真务实，努力钻研的科学态度

生态修复既是一项系统工程，又是一个科学细致的实施过程。没有合理的规划和科学的方案是不会成功的。在那种非常艰苦紧迫的情况下，保护区管理局班子没有慌乱、没有盲目，仍以科学的态度、科学的精神，根据实际情况制订了科学合理、循序渐进、易于操作的治理方案。如：先行重点治理问题集中的矿区，并根据周围地貌及裸露挂白的情况，按照一坑一策逐一制订整治方案。再如：在树种的选择上，鉴于山区野猪等野生动物多的特点，合理搭配，采用油桐和麻栎混种方法，既防止了野猪等野生动物的扒吃，又形成了混交林，同时，也防止了病虫害的侵蚀。实践证明，当年种植"两松"、麻栎、油桐、冬青、柏树等适地树种是正确的选择，如今渐渐成林，达到了非常理想的修复效果，生态效益日益显现。

（四）耐得住寂寞，守得住清贫的君子风范

保护区人常年驻守在林区一线，深山老林，不仅要耐得住寂寞，还要有超强的毅力。在这广袤的森林里，与日月星辰做伴，与飞禽走兽为伍，多见树木少见人是每一个护林员的日常生活。他们没有轰轰烈烈的惊人事迹，没有感天动地的豪言壮语。不管是寒霜还是酷暑，他们翻山越岭、跋山涉水，只为心中那片绿，在平凡的岗位上奉献着自己的青春年华。对于坚守保护区一线的护林员来说，他们和家人聚少离多，远离城市的喧嚣，少了居家的温馨和街市的欢笑。陪伴他们的只有绿色的树林和一波又一波的热浪与风沙。生活质量低，工作条件差，但是

条件虽苦　乐于奉献

为了保护区的建设和发展，他们舍个人为国家，在关键时刻他们拉得出来，冲得上去，用自己的双手和汗水浇灌了一棵又一棵幼苗。在大义面前，他们分得清是非；在利益面前，他们经得住诱惑。他们是真君子，具有真正的君子风范。

三、修复保护并举，真抓实干，当年辛苦结硕果

河南高乐山国家级自然保护区管理局挂牌后，在局班子的带领下，积极开展生态修复与资源保护工作，经过干部职工 5 年的努力，不懈的奋斗，如今满眼青绿，绿树成荫。通过与知名专家和专业机构合作的细致考察，获得了多项科学数据。一是动植物种群恢复显著。根据科学调查，目前保护区野生动物 318 种，其中国家重点野生动物 60 种，河南省重点保护物种 17 种，世界自然保护联盟受威胁物种 14 种。保护区内维管植物（含蕨类植物、裸子植物、被子植物）共 1 840 种。本区野生维管植物科、属、种类分别占居全省同类植物的 91.71%、72.98% 和 56.87%；与全国维管植物数量相比，其科、属、种数量分别占全国同类植物数量的 41.50%、21.08% 和 5.99%。植物的多样性无论在全省或者全国都占据重要地位。二是植被覆盖度明显提升。植被覆盖度在保护区的 5 年建设中，得到了大幅度提升，植被覆盖度最小平均值由 2016 年的 51.58%，提升到 2021 年的 55.46%，提升 4.08 个百分点。植被覆盖度最大平均值由 2016 年的 77.52% 提升到 2021 年的 94%，提升 16.48 个百分点。三是空气质量显著改善。环境空气质量达到一类功能区，空气污染指数 API 小于 50，空气质量级别为 1，空气质量状况为优。这些数据表明，保护区建设取得了阶段性成果，为保护区进一步建设和持续管理提供了科学支撑。

四、优化机制建设，着力打造高执行力管理队伍

高乐山自然保护区建立以来，保护区管理局始终秉承"绿水青山就是金山银山"的发展理念，着手构建"一中心四体系"的管护模式，即以"提升保护区治理力度和恢复成效"为中心，打造三区（核心区、缓冲区、实验区）全区域管护体系，局、站、点三级管理体系，24 小时全天候巡查体系，依法保护协同共治联合体系。建立健全长效机制，优化层级管理机构，着力打造高执行力的资源管护队伍，为实现高乐山自然保护区高质量发展打下坚实的基础。

一是提升资源保护管理能力。保护区设立林区、保护站、检查站、护林点、瞭望台、防灭火监测中心，形成了管理局牵头，保护股组织落实，区、站、点具体负责，多头并进的的保护管理工作机制，建设一支政治敏锐性高、工作作风过硬、工作方法科学的管理队伍，努力做好保护区资源管理工作。二是加大资源保护宣传力度。采取悬挂宣传横幅、设置固定宣传牌、刷写墙体标语、发放宣传材料、播放新闻报道专题片等方式，广泛宣传建立保护区的重要意义和保护自然资源的重要性。组织保护区工作人员通过走村入户、哨卡截查、张贴和向游人发放宣传资料的形式进行普法宣传，使自然保护区的法律法规家喻户晓，深入人心，提高了群众参与、支持保护区建设的积极性，为保护区的建设提供了良好的社区环境。三是强化资源保护队伍建设。增设 8 个森林防火临时检查站，组织 45 人的专职护林队伍，成立 30 人的半专业森林消防队，初步建立了比较完善的管理机构和管理队伍。同时，开展区社联防，依托地方政府成立多支以群众为主体的村级森林消防应急队伍，并开展森林防灭火技能培训，进一步提升应急处置能力和科学扑救水平。四是筑牢资源保护生态屏障。做好林业有害生物和野生动物疫源疫病防控和监测工作，加强对外来物种的植物检疫管理。及时发现、处理保护区违规建设、占用林地、破坏森林资源和盗挖野生植物、猎捕野生动物等违法行为，着力解决自然保护区存在的突出问题，促进保护区健康发展，从源头全面筑起守护淮河源头森林生态的安全屏障，为淮河中上游人民安居乐业、健康生活贡献应有力量。

天然林保护宣传牌

第二节 生态修复

为深入学习贯彻习近平总书记关于生态文明建设系列重要讲话精神，2017 年以来，保护区管理局牢固树立"绿水青山就是金山银山"的理念，认真落实中央环境保护督查组反馈整改意见和植被修复要求，严格按照省、市、县关于自然保护区生态环境综合整治和生态修复工作的重要批示精神，以"绿盾"专项行动为契机，坚持资源保护与生态修复同进的发展战略，积极争取并推进生态修复的落地实施，多措并举做好保护区资源保护与生态修复治理工作。为此，保护区管理局根据保护区内治理恢复点的不同地理条件，实施"宜林则林、宜草则草"措施，因地制宜地制定了相应的植被恢复方案和恢复树种，实行全方位、立体式、草灌本相结合的造林模式，高标准分批分期进行植被恢复。同时，对生态脆弱区采取封山禁牧等措施，使其自然修复，争取在最短时间里恢复保护区内破坏的林地植被，早日实现保护区建设规模日益壮大、林木蓄积和森林覆盖率逐年递增的双赢目标。

5 年来，根据环保部门规划要求制订植被修复方案，采取全面治理，分类实施的方法，有序开展生态治理、植被恢复工程。按照规划对所有关闭矿区和废弃矿区分别采取平整地面、覆土复耕等措施，种植火炬松、女贞，斜坡播草粒、栽植爬藤植物等进行了高标准的植被恢复工程。治理修复矿（厂）点共 80 余处 2 000 余亩，零星废弃矿区、荒滩荒地新造林木 5 000 余亩，植被恢复总面积累计 7 000 余亩，实现了保护区生态修复全覆盖。2018 年完成整改，2019 年全部完成销号。2021 年调查显示，树木长势良好，80% 已郁闭，生态环境明显改善，为野生动物提供了良好的栖息繁殖场所，野生动植物数量、种类不断增加，保护区恢复了宁静、祥和、人与自然和谐共生的美丽画卷。

一、因地制宜制订整改措施和生态修复方案

（一）工作要求

(1) 统一思想。生态修复工作任务艰巨，责任重大，各相关单位人员要切实提

高政治站位，强化主体目标，加快施工进度，确保治理到位，不遮掩、不护短、不打折扣、集中攻坚，直到完成植被修复目标。

(2) 统一行动。各相关单位全员参与，服从大局，通力协作，步调一致，迅速行动，高效率、满负荷、快节奏加速推进自然保护区综合治理工作，切实把整治和生态修复任务落到实处。

(3) 精准实施。各林区、保护站等参战单位，针对需整治修复地点的面积、地质、地貌等重点要素分门别类，特别是生态治理修复和整改验收销号重点区，根据各自然地理状况，系统谋划、精准施策、因地制宜进行植被恢复，切实抓细、抓实。

(4) 压实责任。成立自然保护区综合管理办公室，保持与各相关部门的常态化沟通，并采取专人负责、专业把关、专门监管的方式对修复项目进行全程监督监管。各林区、保护站工作主体明确，各负其责，分口把关，按照保护区治理修复方案拟定生产规划和时间表，确保在规定的期限内保质保量完成分包任务。

（二）科学栽培

(1) 细致整地，覆土培肥。首先，使用挖掘机对矿（厂）区长期遭受碾压地块进行垦复；然后，取适宜土壤覆盖矿区表层，增加土层厚度；最后，在条件便利的修复区周围，收集适当有机肥施入土壤内，为栽植树苗健壮生长打好基础。

垦复培肥 细致整地

（2）适地适树，合理搭配。根据各恢复点区域位置和不同土壤状况，因地制宜栽植不同树种。主要采取播种油桐、麻栎种子，栽植女贞、柏树、国外松，斜坡栽种藤蔓、播撒草籽等适宜、速生树苗和种子造林。

因地制宜　恢复植被

（3）合理密植，适时栽种。撒播草籽和点播麻栎、油桐等选择在雨前进行。保护区植被恢复时间除夏秋雨季造林外，多数是在冬春季进行的。株行距一般为50 cm×50 cm 或 1 m×1 m，栽后培土踏实。

适时栽种苗木

合理密植

（4）强化管理，保证成活率。栽后适时浇水、合理施肥、松土除草，及时补植补造，确保修复成效。栽拉防护网，封山禁牧，加强巡护，为苗木健壮生长和自然生态恢复打造安全屏障。

栽拉防护网 封山禁牧

强化管理　保证成活率

（5）建立台账，强化监督。按照保护区生态修复规划要求，认真做好各修复点的登记、规划、补植、管护等工作，确保治理整改到位，植被修复到位，巡护管理到位。

二、认真做好"绿盾"遥感监测点问题整改与植被修复工作

（一）"绿盾2017"遥感监测点整改与植被修复情况

在开展"绿盾2017"国家级自然保护区监督检查专项行动中，保护区管理局精心组织，积极行动，认真落实环境保护部《关于联合开展"绿盾2017"国家级自然保护区监督检查专项行动的通知》（环生态函〔2017〕144号），河南省环保厅、林业厅等六厅（局）下发《关于开展河南省"绿盾2017"国家级自然保护区监督检查专项行动的函》和《河南省"绿盾2017"国家级自然保护区监督检查专项行动工作方案》等文件精神，全面开展保护区问题排查核查整改工作。为了加大打击力度，增加执法力量，在桐柏县委、县政府的大力支持下，成立了县林业局、森林公安局、保护区管理局联合林业执法大队。按照国家、省、市、县等文件精神和安排部署，对高乐山自然保护区范围内采石采砂、工矿用地、核心区缓冲区旅游设施和风电设施等四类重点问题进行全面排查。经过几个月"地毯式"的清查，

辖区范围内 100 多个林点，核实各类违法违规点 80 余处，其中 48 个点位于保护区范围内。在排查过程中，对发现的采矿、采石点，现场登记、丈量面积，定坐标，评估受损价值，根据执法管理权限，分别由县林业监察队和森林公安局负责案件查处，对采矿机械设备进行查扣、拆除，对现场抓到的正在进行非法开采的不法行为人依法惩处，严厉打击了违法犯罪分子的嚣张气焰，有力保障了高乐山自然保护区的稳定发展。

美好的蓝图需要埋头苦干，团结奋斗才能变为现实。为了尽快完成生态治理修复工作，根据国家环保部生态修复实施要求，明确时限，对照卫星遥感监测的问题清单逐一落实，采取行之有效的治理措施，迅速开展植被修复工作。按照规划方案设计，保护区内 48 个点位有 17 个遥感监测点，定为第一批恢复区，合计面积 34.3 hm²。针对 17 个遥感监测点位的地形地质等状况，制订了相应的植被恢复方案，分别种植湿地松、火炬松、柏树等苗木，点播油桐、麻栎等种子。干部职工在局班子成员带领下，全力以赴、踊跃参战，为保证造林质量，加快施工进度，大家你追我赶，不辞劳苦，连续奋战，挖的挖、栽的栽，封土浇水，如期完成了生态修复，植被长势良好，恢复效果明显，通过了上级相关部门的检查验收。

团结奋战

埋头苦干

2018年1月中旬，对2017年"绿盾"行动整改完成的17处整改项目进行了"回头看"，没有出现整改反弹问题。"绿盾2017"遥感监测专项治理行动，取得了阶段性成效（见表4-1）。

表4-1 "绿盾2017"遥感监测点位整改台账17处

吴山保护站大寺沟萤石矿	问题1：采石场		编号	HEN-7-1
	监测情况	所在功能区	实验区	面积	5.71 hm²
		变化类型	不变○ 新增○ 规模扩大⊙		
	检查情况	活动/设施现状	已停止	建设时间	2014年
		有无环评手续	无	批复及验收文号	
	存在问题及主要生态环境影响：生态植被遭到破坏				
吴山保护站郭竹园东坡萤石矿	问题1：采石场		编号	HEN-7-2
	监测情况	所在功能区	实验区	面积	0.86 hm²
		变化类型	不变○ 新增○ 规模扩大⊙		
	检查情况	活动/设施现状	已停止	建设时间	2010年
		有无环评手续	无	批复及验收文号	
	存在问题及主要生态环境影响：生态植被遭到破坏				

续表 4-1

吴山保护站大银山西南炼油厂		问题1：工矿用地		编号	HEN-7-3
	监测情况	所在功能区	实验区	面积	0.28 hm²
		变化类型	不变○　新增⊙　规模扩大○		
	检查情况	活动/设施现状	已停止	建设时间	2015 年
		有无环评手续	无	批复及验收文号	
	存在问题及主要生态环境影响：生态植被遭到破坏，污染环境				
榨楼保护站高院墙过山土地萤石矿		问题1：采石场		编号	HEN-7-4
	监测情况	所在功能区	实验区	面积	0.96 hm²
		变化类型	不变○　新增○　规模扩大⊙		
	检查情况	活动/设施现状	已停止	建设时间	2003 年
		有无环评手续	无	批复及验收文号	
	存在问题及主要生态环境影响：生态植被遭到破坏				
榨楼保护站高院墙乱石坑萤石矿		问题1：采石场		编号	HEN-7-5
	监测情况	所在功能区	实验区	面积	1.65 hm²
		变化类型	不变⊙　新增○　规模扩大○		
	检查情况	活动/设施现状	已停止	建设时间	2014 年
		有无环评手续	无	批复及验收文号	
	存在问题及主要生态环境影响：生态植被遭到破坏				
吴山保护站顾老庄西沟上梢萤石矿		问题1：采石场		编号	HEN-7-6
	监测情况	所在功能区	实验区	面积	0.51 hm²
		变化类型	不变⊙　新增○　规模扩大○		
	检查情况	活动/设施现状	已停止	建设时间	1990 年
		有无环评手续	无	批复及验收文号	
	存在问题及主要生态环境影响：生态植被遭到破坏				
吴山保护站三间房北山萤石矿		问题1：采石场		编号	HEN-7-7
	监测情况	所在功能区	实验区	面积	1.14 hm²
		变化类型	不变⊙　新增○　规模扩大○		
	检查情况	活动/设施现状	已停止	建设时间	2012 年
		有无环评手续	无	批复及验收文号	
	存在问题及主要生态环境影响：生态植被遭到破坏				

续表 4-1

吴山保护站顾老庄水库西南山坡萤石矿		问题1：采石场		编号	HEN-7-8
	监测情况	所在功能区	实验区	面积	1.56 hm²
		变化类型	不变⊙　新增○　规模扩大○		
	检查情况	活动／设施现状	已停止	建设时间	2012 年
		有无环评手续	无	批复及验收文号	
	存在问题及主要生态环境影响：生态植被遭到破坏				
吴山保护站顾老庄水库东北山坡萤石矿		问题1：采石场		编号	HEN-7-9
	监测情况	所在功能区	实验区	面积	0.67 hm²
		变化类型	不变⊙　新增○　规模扩大○		
	检查情况	活动／设施现状	已停止	建设时间	2012 年
		有无环评手续	无	批复及验收文号	
	存在问题及主要生态环境影响：生态植被遭到破坏				
杨集保护站虎头庄北山萤石矿		问题1：采石场		编号	HEN-7-10
	监测情况	所在功能区	实验区	面积	0.75 hm²
		变化类型	不变⊙　新增○　规模扩大○		
	检查情况	活动／设施现状	已停止	建设时间	2016 年
		有无环评手续	无	批复及验收文号	
	存在问题及主要生态环境影响：生态植被遭到破坏				
杨集保护站蚂蚁沟桐冠矿业萤石矿		问题1：采石场		编号	HEN-7-11
	监测情况	所在功能区	实验区	面积	3.05 hm²
		变化类型	不变⊙　新增○　规模扩大○		
	检查情况	活动／设施现状	已停止	建设时间	1990 年
		有无环评手续	无	批复及验收文号	
	存在问题及主要生态环境影响：生态植被遭到破坏				
榨楼保护站乱马山萤石矿		问题1：采石场		编号	HEN-7-12
	监测情况	所在功能区	实验区	面积	2.27 hm²
		变化类型	不变⊙　新增○　规模扩大○		
	检查情况	活动／设施现状	已停止	建设时间	2013 年
		有无环评手续	无	批复及验收文号	
	存在问题及主要生态环境影响：生态植被遭到破坏				

续表 4-1

<table>
<tr><td rowspan="5">榨楼保护站高院墙东南山脊处萤石矿</td><td colspan="2">问题1：采石场</td><td>编号</td><td colspan="2">HEN-7-13</td></tr>
<tr><td rowspan="2">监测情况</td><td>所在功能区</td><td>实验区</td><td>面积</td><td colspan="2">0.54 hm²</td></tr>
<tr><td>变化类型</td><td colspan="4">不变⊙ 新增○ 规模扩大○</td></tr>
<tr><td rowspan="2">检查情况</td><td>活动/设施现状</td><td>已停止</td><td>建设时间</td><td colspan="2">2007 年</td></tr>
<tr><td>有无环评手续</td><td>无</td><td>批复及验收文号</td><td colspan="2"></td></tr>
<tr><td colspan="6">存在问题及主要生态环境影响：生态植被遭到破坏</td></tr>

<tr><td rowspan="5">榨楼保护站兰金庄东北大沟上梢萤石矿</td><td colspan="2">问题1：采石场</td><td>编号</td><td colspan="2">HEN-7-14</td></tr>
<tr><td rowspan="2">监测情况</td><td>所在功能区</td><td>实验区</td><td>面积</td><td colspan="2">0.22 hm²</td></tr>
<tr><td>变化类型</td><td colspan="4">不变⊙ 新增○ 规模扩大○</td></tr>
<tr><td rowspan="2">检查情况</td><td>活动/设施现状</td><td>已停止</td><td>建设时间</td><td colspan="2">2008 年</td></tr>
<tr><td>有无环评手续</td><td>无</td><td>批复及验收文号</td><td colspan="2"></td></tr>
<tr><td colspan="6">存在问题及主要生态环境影响：生态植被遭到破坏</td></tr>

<tr><td rowspan="5">杨集保护站蒸馍山选矿厂矿区</td><td colspan="2">问题1：工矿用地</td><td>编号</td><td colspan="2">HEN-7-15</td></tr>
<tr><td rowspan="2">监测情况</td><td>所在功能区</td><td>缓冲区、实验区</td><td>面积</td><td colspan="2">7.47 hm²</td></tr>
<tr><td>变化类型</td><td colspan="4">不变○ 新增○ 规模扩大⊙</td></tr>
<tr><td rowspan="2">检查情况</td><td>活动/设施现状</td><td>已停止</td><td>建设时间</td><td colspan="2">2014 年</td></tr>
<tr><td>有无环评手续</td><td>无</td><td>批复及验收文号</td><td colspan="2"></td></tr>
<tr><td colspan="6">存在问题及主要生态环境影响：生态植被遭到破坏</td></tr>

<tr><td rowspan="5">南小河保护站德鑫石材加工厂西北角废石区</td><td colspan="2">问题1：工矿用地</td><td>编号</td><td colspan="2">HEN-7-16</td></tr>
<tr><td rowspan="2">监测情况</td><td>所在功能区</td><td>实验区</td><td>面积</td><td colspan="2">0.17 hm²</td></tr>
<tr><td>变化类型</td><td colspan="4">不变○ 新增○ 规模扩大⊙</td></tr>
<tr><td rowspan="2">检查情况</td><td>活动/设施现状</td><td>正在生产</td><td>建设时间</td><td colspan="2">2012 年</td></tr>
<tr><td>有无环评手续</td><td>无</td><td>批复及验收文号</td><td colspan="2"></td></tr>
<tr><td colspan="6">存在问题及主要生态环境影响：生态植被遭到破坏</td></tr>

<tr><td rowspan="5">南小河保护站廖子沟萤石矿</td><td colspan="2">问题1：工矿用地</td><td>编号</td><td colspan="2">HEN-7-17</td></tr>
<tr><td rowspan="2">监测情况</td><td>所在功能区</td><td>缓冲区、实验区</td><td>面积</td><td colspan="2">6.49 hm²</td></tr>
<tr><td>变化类型</td><td colspan="4">不变⊙ 新增○ 规模扩大○</td></tr>
<tr><td rowspan="2">检查情况</td><td>活动/设施现状</td><td>已停止</td><td>建设时间</td><td colspan="2">2015 年</td></tr>
<tr><td>有无环评手续</td><td>无</td><td>批复及验收文号</td><td colspan="2"></td></tr>
<tr><td colspan="6">存在问题及主要生态环境影响：生态植被遭到破坏</td></tr>
</table>

HEN-7-1 大寺沟萤石矿修复前

HEN-7-1 大寺沟萤石矿整改后

HEN-7-2 郭竹园东坡萤石矿修复前

HEN-7-2 郭竹园东坡萤石矿整改后

HEN-7-3 大银山西南炼油厂修复前

HEN-7-3 大银山西南炼油厂整改后

HEN-7-4 高院墙过山土地萤石矿修复前

HEN-7-4 高院墙过山土地萤石矿整改后

HEN-7-5 高院墙乱石坑萤石矿修复前

HEN-7-5 高院墙乱石坑萤石矿整改后

HEN-7-6　顾老庄西沟上梢萤石矿修复前

HEN-7-6　顾老庄西沟上梢萤石矿整改后

HEN-7-7 三间房北山萤石矿修复前

HEN-7-7 三间房北山萤石矿整改后

HEN-7-8 顾老庄水库西南山坡萤石矿修复前

HEN-7-8 顾老庄水库西南山坡萤石矿整改后

HEN-7-9 顾老庄水库东北山坡萤石矿修复前

HEN-7-9 顾老庄水库东北山坡萤石矿整改后

HEN-7-10 虎头庄北山萤石矿修复前

HEN-7-10 虎头庄北山萤石矿整改后

HEN-7-11 蚂蚁沟桐冠矿业萤石矿修复前

HEN-7-11 蚂蚁沟桐冠矿业萤石矿整改后

HEN-7-12 乱马山萤石矿修复前

HEN-7-12 乱马山萤石矿整改后

HEN-7-13 高院墙东南山脊处萤石矿修复前

HEN-7-13 高院墙东南山脊处萤石矿整改后

HEN-7-14 兰金庄东北大沟上梢萤石矿修复前

HEN-7-14 兰金庄东北大沟上梢萤石矿整改后

HEN-7-15 蒸馍山选矿厂修复前

HEN-7-15 蒸馍山选矿厂整改后

HEN-7-16 德鑫石材加工厂西北角废石区修复前

HEN-7-16 德鑫石材加工厂西北角废石区整改后

HEN-7-17 廖子沟萤石矿修复前

HEN-7-17 廖子沟萤石矿整改后

（二）"绿盾 2018"遥感监测问题整改情况（一处）

2018 年 4 月，在国家生态环保部自然生态保护司下发的"绿盾 2018"专项行动重点问题清单中，遥感卫星监测到高乐山国家级自然保护区有一处采石场，变化情况为规模扩大。收到文件后，保护区管理局高度重视，由班子成员带队，带领单位业务技术人员，深入现场，对照遥感监测点坐标，认真排查核实，经现场调查确认，该遥感监测点位在回龙乡榨楼村彭庄水库西北山坡乱马山萤石矿区，面积为 10.35 亩，位于高乐山自然保护区的实验区内。遥感监测序号为 HEN-7-1，经纬度坐标为：32° 34′ 6.185″N，113° 46′ 24.675″E。此处为 2017 年遥感监测点整治后植被恢复区域，由于此处立地条件较差，属岩石裸露地，植被恢复难度大，需平整后，采取异地取土的方法，方可进行植被恢复，所以延迟了植被恢复时间。接到通知后，保护区管理局积极与县国土局协调合作，迅速将该矿区设施全部拆除，平整地面后，栽种松柏苗木等，及时完成了植被恢复工作（见表 4-2）。

表 4-2 "绿盾 2018"遥感监测问题核查处理情况

问题 1：采石场			编 号	HEN-7-1
监测情况	活动 / 设施名称	榨楼保护站乱马山萤石矿	活动 / 设施类型	采石场
	所在功能区	实验区	面积	0.69 hm²
	变化类型	不变⊙　新增○　规模扩大○		
核查情况	活动 / 设施现状	已停止	建设时间	2013 年
	有无环评手续	无	批复及验收文号	
存在问题及主要生态环境影响	生态植被遭到破坏			

HEN-7-1 榨楼保护站乱马山萤石矿修复前

HEN-7-1 榨楼保护站乱马山萤石矿整改后

三、人类活动变化遥感监测问题整改与修复情况

（一）2017 年人类活动变化问题整改与植被修复（12 处）

依据环境保护部印发的遥感监测疑似问题清单（重点是 2017 年下半年新增和扩大的工矿开发以及核心区、缓冲区内的旅游、风电开发等活动）以及媒体披露和群众举报的信息等，组织开展保护区问题自查、排查工作，进一步摸清问题底数，建立台账。重点排查采石采砂、工矿用地，保护区内旅游开发和风电开发等对生态环境影响较大的活动，以及 2017 年以来新增和规模明显扩大的其他人类活动。

河南省 2017 年下半年国家级自然保护区人类活动动态遥感监测报告中，高乐山自然保护区有 12 处卫星遥感监测点。经现场调查核实，12 处遥感点有 4 处变化情况为规模扩大，有 8 处为新增。在 12 个点中，位于保护区实验区内的 9 处，面积合计为 2.79 hm²；位于核心区内的有 1 处，面积为 0.197 hm²；位于核心区和缓冲区交界处的有 1 处，面积为 0.52 hm²；位于保护区实验区和缓冲区交界 1 处，为普通道路，长度为 404.02 m。问题查实后，保护区管理局高度重视，迅速开展整改工作。在执法单位的协助下，建筑设施被强制拆除，并对 12 个遥感监测点进行了植被恢复，重点区域栽立防护网，确保幼林安全生长（见表 4-3）。

表 4-3 2017 年下半年人类活动变化遥感监测问题核查处理情况

榨楼保护站乱马山萤石矿		问题 1：采石场		编号	HEN-7-1
	监测情况	所在功能区	实验区	面积	0.69 hm²
		变化类型	不变〇 新增〇 规模扩大⊙		
	检查情况	活动 / 设施现状	已停止	建设时间	2017 年
		有无环评手续	无	批复及验收文号	
	存在问题及主要生态环境影响：立地条件改变，生态环境遭到破坏				
南小河保护站孔庄东南路边		问题 1：其他人工设施		编号	HEN-7-2
	监测情况	所在功能区	核心区	面积	0.19 hm²
		变化类型	不变〇 新增⊙ 规模扩大〇		
	检查情况	活动 / 设施现状	已停止	建设时间	2014 年
		有无环评手续	无	批复及验收文号	
	存在问题及主要生态环境影响：生态环境遭到破坏				

续表 4-3

回龙保护站庙庄后山白石矿	问题1：其他人工设施		编号	HEN-7-3
	监测情况	所在功能区　核心区、缓冲区	面积	0.52 hm²
		变化类型	不变○　新增⊙　规模扩大○	
	检查情况	活动/设施现状　已停止	建设时间	2016年
		有无环评手续　无	批复及验收文号	
	存在问题及主要生态环境影响：立地条件改变，生态环境遭到破坏			
杨集保护站梅塘水库中段以北白土窑	问题1：其他人工设施		编号	HEN-7-4
	监测情况	所在功能区　实验区	面积	0.12 hm²
		变化类型	不变○　新增⊙　规模扩大○	
	检查情况	活动/设施现状　已停止	建设时间	2014年
		有无环评手续　无	批复及验收文号	
	存在问题及主要生态环境影响：立地条件改变，生态环境遭到破坏			
回龙保护站跑马岭红色板房	问题1：其他人工设施		编号	HEN-7-5
	监测情况	所在功能区　实验区	面积	0.02 hm²
		变化类型	不变○　新增⊙　规模扩大○	
	检查情况	活动/设施现状　已停止	建设时间	2014年
		有无环评手续　无	批复及验收文号	
	存在问题及主要生态环境影响：生态环境遭到破坏			
杨集保护站东大岭交界处石英石矿	问题1：其他人工设施		编号	HEN-7-6
	监测情况	所在功能区　实验区	面积	0.13 hm²
		变化类型	不变○　新增⊙　规模扩大○	
	检查情况	活动/设施现状　已停止	建设时间	2014年
		有无环评手续　无	批复及验收文号	
	存在问题及主要生态环境影响：立地条件改变，生态环境遭到破坏			
杨集保护站汪庄东沟白土窑	问题1：其他人工设施		编号	HEN-7-7
	监测情况	所在功能区　实验区	面积	0.11 hm²
		变化类型	不变○　新增⊙　规模扩大○	
	检查情况	活动/设施现状　已停止	建设时间	2014年
		有无环评手续　无	批复及验收文号	
	存在问题及主要生态环境影响：立地条件改变，生态环境遭到破坏			

续表 4-3

杨集保护站西大岭西沟上梢白土窑	问题1：其他人工设施			编号	HEN-7-8
	监测情况	所在功能区	实验区	面积	0.18 hm²
		变化类型	不变○ 新增⊙ 规模扩大○		
	检查情况	活动/设施现状	已停止	建设时间	2014年
		有无环评手续	无	批复及验收文号	
	存在问题及主要生态环境影响：立地条件改变，生态环境遭到破坏				
吴山保护站红叶景区西边违建公厕	问题1：其他人工设施			编号	HEN-7-9
	监测情况	所在功能区	实验区	面积	0.04 hm²
		变化类型	不变○ 新增○ 规模扩大⊙		
	检查情况	活动/设施现状	已停止	建设时间	2014年
		有无环评手续	无	批复及验收文号	
	存在问题及主要生态环境影响：立地条件改变				
杨集保护站李老庄东北后山白土窑	问题1：其他人工设施			编号	HEN-7-10
	监测情况	所在功能区	实验区	面积	0.3 hm²
		变化类型	不变○ 新增○ 规模扩大⊙		
	检查情况	活动/设施现状	已停止	建设时间	2014年
		有无环评手续	无	批复及验收文号	
	存在问题及主要生态环境影响：立地条件改变，生态环境遭到破坏				
杨集保护站西大岭西沟田冲北坡白土窑	问题1：其他人工设施			编号	HEN-7-11
	监测情况	所在功能区	实验区	面积	1.2 hm²
		变化类型	不变○ 新增○ 规模扩大⊙		
	检查情况	活动/设施现状	已停止	建设时间	2014年
		有无环评手续	无	批复及验收文号	
	存在问题及主要生态环境影响：立地条件改变，生态环境遭到破坏				
榨楼保护站乱马山萤石矿东道路	问题1：普通道路			编号	HEN-7-12
	监测情况	所在功能区	实验区	长度	404.02 m
		变化类型	不变○ 新增⊙ 规模扩大○		
	检查情况	活动/设施现状	已停止	建设时间	2014年
		有无环评手续	无	批复及验收文号	
	存在问题及主要生态环境影响：立地条件改变，生态环境遭到破坏				

2017年下半年人类活动变化遥感监测问题植被修复对比图（12处）

HEN-7-1 榨楼保护站乱马山萤石矿修复前

HEN-7-1 榨楼保护站乱马山萤石矿修复后

HEN-7-2 南小河保护站孔庄东南路边修复前

HEN-7-2 南小河保护站孔庄东南路边修复后

HEN-7-3 回龙保护站庙庄后山白石矿修复前

HEN-7-3 回龙保护站庙庄后山白石矿修复后

HEN-7-4 杨集保护站梅塘水库中段以北白土窑修复前

HEN-7-4 杨集保护站梅塘水库中段以北白土窑修复后

HEN-7-5 回龙保护站跑马岭红色板房拆除现场

HEN-7-5 回龙保护站跑马岭板房拆除修复后

HEN-7-6 杨集保护站东大岭交界处石英石矿修复前

HEN-7-6 杨集保护站东大岭交界处石英石矿修复后

HEN-7-7 杨集保护站汪庄东沟白土窑修复前

HEN-7-7 杨集保护站汪庄东沟白土窑修复后

HEN-7-8 杨集保护站西大岭西沟上梢白土窑修复前

HEN-7-8 杨集保护站西大岭西沟上梢白土窑修复后

HEN-7-9 吴山保护站红叶景区违建公厕拆除前

HEN-7-9 吴山保护站红叶景区违建公厕拆除修复后

HEN-7-10 杨集保护站李老庄东北后山白土窑修复前

HEN-7-10 杨集保护站李老庄东北后山白土窑修复后

HEN-7-11 杨集保护站西大岭西沟田冲北坡白土窑修复前

HEN-7-11 杨集保护站西大岭西沟田冲北坡白土窑修复后

HEN-7-12 榨楼保护站乱马山萤石矿东道路修复前

HEN-7-12 榨楼保护站乱马山萤石矿东道路修复后

（二）2018 年人类活动变化问题整改与植被修复（2 处）

2018 年下半年在人类活动动态遥感监测中，监测到高乐山自然保护区内有 2 处点位疑似新增人类活动变化情况。接到相关部门反馈信息后，保护区管理局立即安排技术人员，对照点位坐标进行核查。经现场核实，一个点位是杨集保护站内蒸馍山处的选矿厂，2018 年 4 月中旬该点位在有关部门协调下已将机械设备全部拆除，其他建筑设施限期在 5 月中上旬全部拆除。另一点位位于回龙保护站大龙沟处，是 2017 年 11 月新建的石子加工厂，在 2017 年底县政府组织的联合执法行动中，对该处正在建设中的石子加工设备予以强制拆除，其他建筑设施也全部拆除撤走，两处场地得以平整复植。为保障蒸馍山选厂和大龙沟石子厂问题整改与植被恢复工作成效和进度，保护区管理局成立整改与修复工作领导小组，下设办公室，由主管副局长兼任办公室主任，负责相关股室、林区、保护站的沟通与监督。制订工作方案，细化任务落实，做到人人身上有责任，个个肩上有担子，上下形成合力，协同做好矿（厂）区整改与恢复工作。

根据蒸馍山选厂、大龙沟石子加工厂林地改变的程度，保护区管理局因地制宜地制订了植被恢复应急方案。一是组织机械设备清除地面残留建筑设施，尽力恢复原有地貌；二是高标准整地，异地取土或就地深耕地面，回填矿坑，为恢复植被打下良好基础；三是合理设计造林规划，适地适树，合理栽植；四是整改与修复齐头并进，治理一块修复一块，在保证质量的前提下，加快生产进度，确保在规定期限内完成任务。按照实施方案要求，6 月上旬，在县国土资源局的大力配合下，完成对两区域的整改与修复工作。为增加植被恢复成效，12 月中旬，对该两区域完成了补植补造，达到了预期目标，年底验收后予以销号。

1. 蒸馍山选厂治理修复情况

在桐柏县政府组织的联合执法行动中，对杨集保护站蒸馍山处的选矿厂进行拆除并恢复植被。2018年4月中旬在有关部门协调下已将机械设备全部拆除，其他建筑设施限期在5月中上旬全部拆除。6月上旬，在县国土资源局的大力配合下，根据蒸馍山选矿厂林地改变的程度，保护区管理局因地制宜地制订了整改和植被恢复应急方案。组织机械设备清除地面残留建筑设施，尽力恢复原有地貌；高标准整地，异地取土或就地深耕地面，回填矿坑，为恢复植被打下良好基础；适地适树，合理栽植；确保在规定期限内完成任务。12月中旬，对该区域进行了补植补造，达到了预期目标，年底验收后予以销号（见表4-4）。

表4-4 蒸馍山选厂治理修复情况

问题2：选厂			编 号	41-G-021-CS-0001
监测情况	活动/设施名称	杨集保护站蒸馍山矿区	活动/设施类型	选厂
	所在功能区	实验区	面积	0.45 hm²
	变化类型	部分拆除⊙ 新增○ 规模扩大○		
核查情况	活动/设施现状	已拆除	建设时间	2014年
	有无环评手续	无	批复及验收文号	
存在问题及主要生态环境影响	生态环境遭到破坏			

41-G-021-CS-0001 杨集保护站蒸馍山矿区修复前

41-G-021-CS-0001 杨集保护站蒸馍山矿区修复后

2. 大龙沟石子厂治理修复情况

2017 年，在桐柏县政府组织的联合执法行动中，对该处正在建设中的设施进行强制拆除，并要求所有机械设备限期拆除撤走。2018 年 3 月，保护区管理局借调钩机、汽车等设备，对石子厂破碎机基座和震动筛基座进行清理。根据大龙沟石子厂林地改变的地理状况，保护区管理局因地制宜地制订了生态治理修复和整改方案。切实抓细、抓实，组织机械设备清除地面残留建筑设施，尽力恢复原有地貌；高标准整地，异地取土或就地深耕地面，回填矿坑，为恢复植被打下良好基础；适地适树，合理栽植；确保在规定期限内完成任务。4 月初，组织单位职工，对该区域进行了补植补造，达到了预期目标，年底验收后予以销号（见表 4-5）。

表 4-5 大龙沟石子厂治理修复情况

问题 2：石子场			编 号	41-G-021-QT-0092
监测情况	活动 / 设施名称	回龙保护站大龙沟石子厂区	活动 / 设施类型	采石场
	所在功能区	核心区	面积	0.32 hm²
	变化类型	部分拆除○ 其他人工设施◉ 规模扩大○		
核查情况	活动 / 设施现状	已拆除	建设时间	2017 年
	有无环评手续	无	批复及验收文号	
存在问题及主要生态环境影响	生态环境遭到破坏			

41-G-021-QT-0092 大龙沟石子厂区治理前

41-G-021-QT-0092 大龙沟石子厂区修复后

四、2018 年河南高乐山国家级自然保护区土地利用变化治理与修复情况

2018 年河南高乐山国家级自然保护区土地利用变化治理与修复情况共 12 处，其中有 3 处（豫 21–1、豫 21–2、豫 21–3）为农建设施，无法有效全面修复，见表 4-6。

表 4-6 2018 年河南高乐山国家级自然保护区土地利用变化治理与修复情况

南小河保护站猪食槽水塘边	位置：113° 37′ 00.08″ E，32° 41′ 35.99″ N			图斑编号	豫 21 – 1
	监测情况	位置名称	猪食槽水塘边	活动 / 设施类型	房屋
		所在功能区	核心区	核查面积	30 m²(含围墙)
		地类转变类型	林地→房屋		
	核查情况	活动 / 设施现状	无变化	建设时间	2015 年
		有无环评手续	无		
南小河保护站猪食槽(水塘东北角)	位置：113° 36′ 57.80″ E，32° 41′ 36.80″ N			图斑编号	豫 21 – 2
	监测情况	位置名称	猪食槽（水塘东北角）	活动 / 设施类型	建设用地
		所在功能区	核心区	核实面积	200 m²
		地类转变类型	林地→建设用地		
	核查情况	活动 / 设施现状	无变化（岩石裸露）	建设时间	2015 年
		有无环评手续	无	批复及验收文号	
南小河保护站猪食槽水塘(河道拐弯处)	位置：113° 37′ 00.34″ E，32° 41′ 35.47″ N			图斑编号	豫 21 – 3
	监测情况	位置名称	猪食槽水塘（河道拐弯处）	活动 / 设施类型	建设用地
		所在功能区	核心区	核实面积	160 m²
		地类转变类型	林地→建设用地		
	核查情况	活动 / 设施现状	无变化（河坝）	建设时间	2015 年
		有无环评手续	无	批复及验收文号	
杨集保护站何大庄水库中段位置东坡	位置：113° 41′ 39.84″ E，32° 41′ 29.12″ N			图斑编号	豫 21 – 4
	监测情况	位置名称	何大庄水库中段位置东坡	活动 / 设施类型	道路
		所在功能区	实验区	面积	5 820 m²
		地类转变类型	林地→道路		
	核查情况	活动 / 设施现状	已造林	建设时间	2017 年
		有无环评手续	无	批复及验收文号	

续表 4-6

杨集保护站何大庄组北大沟西坡	位置：113°42′15.29″E，32°41′25.00″N			图斑编号	豫 21-5
	监测情况	位置名称	何大庄组北大沟西坡	活动/设施类型	道路
		所在功能区	实验区	核查面积	7 650 m²
		地类转变类型	林地→道路		
	核查情况	活动/设施现状	已造林	建设时间	2017 年
		有无环评手续	无	批复及验收文号	
杨集保护站西大岭半拉山（交界处）白土窑	位置：113°42′45.45″E，32°41′07.50″N			图斑编号	豫 21-6
	监测情况	位置名称	半拉山（交界处）白土窑	活动/设施类型	道路
		所在功能区	实验区	核实面积	3 100 m²
		地类转变类型	林地→建设用地		
	核查情况	活动/设施现状	已造林	建设时间	2017 年
		有无环评手续	无	批复及验收文号	
杨集保护站汪庄西北山坡上	位置：113°42′44.14″E，32°40′31.41″N			图斑编号	豫 21 - 7
	监测情况	位置名称	汪庄西北山坡上	活动/设施类型	道路
		所在功能区	实验区	核实面积	880 m²
		地类转变类型	林地→道路		
	核查情况	活动/设施现状	无变化（林区巡护道路）	建设时间	2017 年
		有无环评手续	无	批复及验收文号	
杨集保护站汪庄西北大沟边	位置：113°42′41.17″E，32°40′36.14″N			图斑编号	豫 21 - 8
	监测情况	位置名称	汪庄西北大沟边	活动/设施类型	道路
		所在功能区	实验区	面积	167 m²
		地类转变类型	林地→道路		
	核查情况	活动/设施现状	植被已恢复	建设时间	2015 年
		有无环评手续	无	批复及验收文号	

续表 4-6

<table>
<tr><td rowspan="7">杨集保护站杨竹园与李老庄中间山坡</td><td colspan="2">位置：113° 43′ 11.17″ E，32° 40′ 14.49″ N</td><td>图斑编号</td><td>豫 21 - 9</td></tr>
<tr><td rowspan="4">监测情况</td><td>位置名称</td><td>杨竹园与李老庄中间山坡</td><td>活动 / 设施类型</td><td>林区巡护道路</td></tr>
<tr><td>所在功能区</td><td>实验区</td><td>核查面积</td><td>743 m²</td></tr>
<tr><td>地类转变类型</td><td colspan="3">林地→道路</td></tr>
<tr><td rowspan="2">核查情况</td><td>活动 / 设施现状</td><td>无变化（林区巡护道路）</td><td>建设时间</td><td>2017 年</td></tr>
<tr><td>有无环评手续</td><td>无</td><td>批复及验收文号</td><td></td></tr>
</table>

<table>
<tr><td rowspan="7">杨集保护站杨竹园与李老庄中间山坡（位于 9 号点东）</td><td colspan="2">位置：113° 43′ 14.99″ E，32° 40′ 14.10″ N</td><td>图斑编号</td><td>豫 21 - 10</td></tr>
<tr><td rowspan="4">监测情况</td><td>位置名称</td><td>杨竹园与李老庄中间山坡（位于 9 号点东）</td><td>活动 / 设施类型</td><td>林区巡护道路</td></tr>
<tr><td>所在功能区</td><td>实验区</td><td>核实面积</td><td>984 m²</td></tr>
<tr><td>地类转变类型</td><td colspan="3">林地→道路</td></tr>
<tr><td rowspan="2">核查情况</td><td>活动 / 设施现状</td><td>无变化（林区巡护道路）</td><td>建设时间</td><td>2017 年</td></tr>
<tr><td>有无环评手续</td><td>无</td><td>批复及验收文号</td><td></td></tr>
</table>

<table>
<tr><td rowspan="7">吴山保护站红叶景区板房</td><td colspan="2">位置：113° 36′ 55.37″ E，32° 38′ 52.29″ N</td><td>图斑编号</td><td>豫 21 - 11</td></tr>
<tr><td rowspan="4">监测情况</td><td>位置名称</td><td>红叶景区板房</td><td>活动 / 设施类型</td><td>房屋</td></tr>
<tr><td>所在功能区</td><td>实验区</td><td>核实面积</td><td>2 530 m²</td></tr>
<tr><td>地类转变类型</td><td colspan="3">林地→房屋</td></tr>
<tr><td rowspan="2">核查情况</td><td>活动 / 设施现状</td><td>已造林</td><td>建设时间</td><td>2016 年</td></tr>
<tr><td>有无环评手续</td><td>无</td><td>批复及验收文号</td><td></td></tr>
</table>

<table>
<tr><td rowspan="7">榨楼保护站乱马山矿区</td><td colspan="2">位置：113° 46′ 32.51″ E，32° 34′ 04.09″ N</td><td>图斑编号</td><td>豫 21 - 12</td></tr>
<tr><td rowspan="4">监测情况</td><td>位置名称</td><td>乱马山矿区</td><td>活动 / 设施类型</td><td>建设用地</td></tr>
<tr><td>所在功能区</td><td>实验区</td><td>面积</td><td>3 874.43 m²</td></tr>
<tr><td>地类转变类型</td><td colspan="3">林地→建设用地</td></tr>
<tr><td rowspan="2">核查情况</td><td>活动 / 设施现状</td><td>已造林</td><td>建设时间</td><td>2017 年</td></tr>
<tr><td>有无环评手续</td><td>无</td><td>批复及验收文号</td><td></td></tr>
</table>

豫 21-1 猪食槽违章建筑拆除前

豫 21-1 猪食槽违章建筑拆除后自然恢复

豫21-2 猪食槽（水塘东北角）河滩区整改前

豫21-2 猪食槽（水塘东北角）河滩自然恢复后

豫21-3 猪食槽水塘（河道拐弯处）河滩区整改前

豫21-3 猪食槽水塘（河道拐弯处）河滩自然恢复后

豫21-4　何大庄水库中段位置东坡修复前

豫21-4　何大庄水库中段位置东坡整改后

豫 21-5 何大庄组北大沟西坡修复前

豫 21-5 何大庄组北大沟西坡整改后

豫 21-6 西大岭半拉山（交界处）白土窑修复前

豫 21-6 西大岭半拉山（交界处）白土窑整改后

豫 21-7 汪庄西北山坡修复前

豫 21-7 汪庄西北山坡整改后

豫 21-8 汪庄西北大沟边修复前

豫 21-8 汪庄西北大沟边整改后

豫 21-9　杨竹园与李老庄中间山坡修复前

豫 21-9　杨竹园与李老庄中间山坡整改后

豫 21-10 杨竹园与李老庄中间山坡（位于 9 号点东）修复前

豫 21-10 杨竹园与李老庄中间山坡（位于 9 号点东）整改后

豫 21-11 红叶景区板房拆除前

豫 21-11 红叶景区板房拆除整改后

豫 21-12 榨楼乱马山矿区修复前

豫 21-12 榨楼乱马山矿区整改后

五、积极开展对全国环保督察发现问题、舆情热点问题、自查问题的整改

2017 年以来，我们一直以中央环保督察组等督办的遥控监测点违法违规系列问题为中心，严格按照党委、政府的决策部署，坚决有力地持续开展环保督察反馈问题的整改工作，积极完成上级各主管部门交办的突击任务。同时，依据生态环境部下发的遥感监测疑似问题反馈清单、媒体披露以及省、市环保督察等聚焦的重点、难点，建立多部门联动、紧密合作机制，形成台账管理、销号管理工作方法，不断完善保护区监管体系，成立自查排查小组，结合日常管护巡查、自查排查，梳理违法违规问题，制订整改方案，将排查整改工作纳入保护区日常管理，常抓不懈，深入持续地开展拉网式自查核查、清理整顿工作。针对排查核实的废弃矿区和强制收回毁林开荒等零星林地的实际状况，采取行之有效的植被恢复措施，因地制宜地制订恢复方案，明确责任，规定时限，按要求完成植被恢复工作。

（一）红叶景区的排查整改与修复

2018 年 6 月 5 日，清查组成员在高乐山自然保护区吴山保护站例行排查中，发现黄岗红叶景区老板组织民工正在林区修路、筑滑道等违规建设，林地植被遭到严重破坏，现场惨不忍睹，众人极为愤怒，立即上前制止并第一时间拍照上报。接报后，保护区管理局高度重视，组织专门力量迅速赶往现场制止非法行为，拦截施工设备。经现场勘查，案发地点在黄岗镇与回龙乡交界处的红叶景区内，属桐柏县红叶旅游开发有限公司违规施工。通过查证，该公司于 2012 年 10 月 12 日在南阳工商局注册成立，公司法人殷泽清，注册资金 2 000 万元，承接对桐柏黄岗红叶资源开发建设及景区旅游业务。针对现场状况，管理局及时向桐柏县委、县政府汇报，同时与执法单位联系，联合展开调查取证工作。

1. 红叶景区违法建滑道问题整改与修复

滑道建设地点位于桐柏县黄岗镇王庄村中刘庄组后刘庄东洼山坡，联合调查组经过细致勘察和深入了解得知，该滑道是桐柏县红叶旅游开发有限公司于 2018 年 3 月筹建的，全为人工建设，滑道为混凝土立柱支撑悬空架设，由混凝土浇筑

的封闭圆筒形斜坡,宽度0.95 m,滑道长度为116 m,毁林面积0.17亩,占用林地5.25亩,正在违规施工中。经过查证核实,该滑道建在实验区内,未办理征占用林地手续,为违法建筑。5月23日,执法部门对桐柏县红叶旅游开发有限公司毁林修路、建滑道等破坏自然生态环境的行为进行并案处理,现场下达了处罚通知书,责令停止一切违法行为,强制拆除了该滑道。在保护区管理局的敦促下,该公司栽植了大叶女贞和柏树,按期限恢复了植被。

红叶景区滑道建筑设施拆除现场

红叶景区滑道植被修复现状

2. 林区毁林修路问题整改与修复

⑴ 王庄村前刘庄处违规修路毁坏林地问题。

2018 年 5 月 21 日，吴山保护站管护人员在巡护时发现黄岗镇至红叶景区王庄村前刘庄组山坡有修路、毁林现象，随即上前询问，经调查，该行为为桐柏县红叶旅游开发有限公司在原有路基的基础上抬高路基而借土垫路。公司法人殷泽清在没有办理任何征占用林地审批手续的情况下，使用挖掘机钩挖林地 0.47 亩，并毁坏杨树 5 棵、松树 2 棵。管护人员当即汇报到保护区管理局办公室，工作人员随即向桐柏县政府及林业监察中队报案，林业监察中队受理后迅速对该案件展开调查取证。6 月 13 日，受县政府委托，桐柏县林业局、保护区管理局、黄岗镇政府与林业监察中队联合执法，形成一致意见，对该案件进行终结处理。6 月 17 日，保护区管理局组织职工在该区域栽植柏树，及时进行了植被恢复。

整改前

整改后

(2)郭庄村违规修路毁林占地问题整改与修复。

2018年3月30日，吴山保护站管护人员在郭庄村榨棚组至红叶景区段巡护时发现有人正在毁林修公路，随即报告到保护区管理局办公室，管理局当即要求管护人员阻拦施工，制止其违法行为并盯守现场，同时向桐柏县林业监察中队报案。经执法部门查证，该路段为桐柏县"十三五"旅游基础设施和公共服务设施建设项目（桐国土资文〔2016〕173号），工程由河南省旭峰建筑工程有限公司中标施工。2018年3月底开工，规划方案是在原有道路的基础上建设，因该路段需扩宽取直，施工中就地取土占用了林地，但没有办理征占用林地的相关手续。经对现场进行勘查测量，侵占林地4.78亩。桐柏县林业监察中队对该公司侵占林地、破坏植被案进行林地林木损失处罚，毁坏的林地由保护区管理局组织职工栽植大叶女贞等苗木，恢复了植被。

整改前

整改后

（二）废弃矿区的排查整改与修复

2019 年 4 月 4 日，保护区清查组在自查排查过程中，接到相关部门反馈信息，保护区管理局接报后迅速组织人员赴现场核查，邻县有人把当地挖沙毁路等破坏生态的问题举报至中央媒体，中央媒体在调查过程中，发现回龙乡境内桐柏县与确山县交界的公路旁有一处废弃场地，位于保护区实验区，并就此问题作了报导。经测量，面积为 1.6 亩。通过走访了解，该处属于 2013 年修建 S227 省道时挖山降坡的废石土料堆放场地，施工单位完工后地块闲置。情况落实后，随即向上级汇报，桐柏县委、县政府高度重视，立即安排由政府办牵头，国土局、林业局等组成联合工作组，开展调查整改工作。保护区管理局首当其冲，在资金困难的情况下主动承担起该区域的植被修复任务。同时，举一反三，对附近区域拉网排查，经反复梳理，又发现 6 处宜林空闲地，总面积 1 000 余亩，被一并列入治理范围，迅速制订修复方案，安排组织实施。

4 月 6—9 日，保护区管理局组织干部职工 100 余人次，分赴各植被修复区，早出晚归，不分节假日连续奋战。为赶工期，大家冒雨施工，无怨无悔；为缩短苗木出土晾晒时间，夜幕下借助车灯和手电筒的微光，在保证质量的前提下，连夜将当天苗木栽完。这种拼搏精神，彰显了广大干部职工高度的使命感和责任心。

夜幕下借助灯光栽植苗木

在生态修复中，为增加土层厚度，改善土壤结构，保证苗木健壮生长，保护区管理局从多个单位借调多台钩机与车辆，异地拉土对造林地块进行全覆盖。为确保造林质量，严格按照造林技术规则，因地制宜地开展高标准植被恢复工程。初植树种为 2 年生湿地松，树高为 50 cm，株行距为 80 cm×80 cm。为进一步提高植被恢复成效，4 月 10 日，又在湿地松行距间套种胸径 0.04 m、高 2 m 的侧柏，路边栽植草坪，并及时进行了浇水、培土、架设铁丝网等管护工作。

异地借土高质量恢复工矿遗弃地块

治理区防护网

S227 省道回龙乡境内东大岭处废弃场地治理点高标准整地

S227 省道回龙乡境内东大岭处废弃场地治理点修复后

S227 省道回龙乡境内东大岭处废弃场地治理点平地覆土，增加土层厚度

S227 省道回龙乡境内东大岭处废弃场地治理点修复后

S227 省道回龙乡境内东大岭处废弃场地治理点修复前

S227 省道回龙乡境内东大岭处废弃场地治理点修复后

S227 省道回龙乡境内东大岭处废弃场地治理点机械平整修复场地

S227 省道回龙乡境内东大岭处废弃场地治理点修复后

S227 省道回龙乡境内东大岭处废弃场地治理点异地取土增厚土层

S227 省道回龙乡境内东大岭处废弃场地治理点修复后

S227 省道回龙乡境内东大岭处废弃场地治理点精细施工 ， 合理密植

S227 省道回龙乡境内东大岭处废弃场地治理点修复后

S227 省道回龙林区境内地质灾害生态治理

S227 省道回龙林区境内地质灾害生态治理修复后

回龙保护站大龙沟石子厂废弃场地治理点违章设施拆除现场

回龙保护站大龙沟石子厂废弃场地治理点修复后

杨集保护站万龙沟石子厂治理点修复前

杨集保护站万龙沟石子厂治理点修复后

杨集保护站万龙沟石子厂治理点（道路）修复前

杨集保护站万龙沟石子厂治理点（道路）修复后

南小河保护站分水岭萤石矿治理点修复前

南小河保护站分水岭萤石矿治理点修复后

南小河保护站分水岭萤石矿治理点修复前

南小河保护站分水岭萤石矿治理点修复后

杨集保护站蒸馍山矿区治理点修复前

杨集保护站蒸馍山矿区治理点修复后

吴山保护站梁老庄石子厂治理点机械平整矿坑

吴山保护站梁老庄石子厂治理点修复后

榨楼保护站乱马山萤石矿区生态修复后

杨集保护站蒸馍山矿区生态修复后

第三节 依法打击

2017年7月21日，环境保护部、国土资源部、水利部、农业部、国家林业局、中国科学院、国家海洋局印发《关于联合开展"绿盾2017"国家级自然保护区监督检查专项行动的通知》（环生态函〔2017〕144号），决定于2017年7—12月在全国组织开展国家级自然保护区监督检查专项行动，全面排查涉及国家级自然保护区内违法违规问题。

此次绿盾专项行动是7个主管部门首次在全国联合开展的国家级自然保护区监督检查专项行动，首次实现对446处国家级自然保护区的全覆盖，是我国自然保护区建立以来检查范围最广、查处问题最多、追查问责最严、整改力度最大的一次专项行动。重点查处了自然保护区内采矿、采石、工矿企业和核心区、缓冲区内的旅游与水电开发等对生态环境影响较大的问题，发挥了震慑、警示和教育作用。

根据《关于联合开展"绿盾2017"国家级自然保护区监督检查专项行动的通知》（环生态函〔2017〕144号）精神，2017年8月21日，河南省环保厅、林业厅等六厅（局）下发《关于开展河南省"绿盾2017"国家级自然保护区监督检查专项行动的函》和《河南省"绿盾2017"国家级自然保护区监督检查专项行动工作方案》。南阳市、桐柏县相关部门相继出台了一系列关于"绿盾"专项行动实施方案，为高乐山自然保护区生态保护提供了有力保障。

高乐山自然保护区是一个矿产、森林、野生动植物资源丰富的中低山区。在这之前，由于少数人的无知与贪婪，在利益的驱动下，非法侵占林地，掠夺矿产资源，乱捕滥杀动物，乱砍滥挖植物。林区内矿藏肆意采，厂房随处建，机器轰鸣响，车辆昼夜行，到处千疮百孔，乌烟瘴气，生态环境遭到前所未有的破坏，自然生态资源和森林生态系统面临巨大的危机，公众反响强烈。由于种种原因，森林植被破坏问题已是沉疴重疾，各方利益盘根错节，还有世代以山林为生的当地村民深入其中，还要面对许许多多不可预测的异常复杂情况，任务十分艰巨，管理举步维艰。

保护区成立前蒸馍山白土矿盗挖现场一角

2016年以来，在中央、省、市相关职能部门的重视和支持下，桐柏县委、县政府以壮士断腕的勇气，吹响了高乐山国家级自然保护区治理恢复的号角，全面开启严厉打击整治非法采矿、盗伐林木、侵占国有林地等破坏生态环境的专项行动，确立了明确属地管理责任和强化部门执法联动的机制，并以县政府名义向社会发出通告、公告，表明县政府打击非法采矿活动的态度和决心，为保护区整治工作撑腰打气，提供政策和法律保障。同时要求各相关职能部门要按照"守土有责、守土负责、守土尽责"和属地管理的规定，树立执法权威，加大打击力度，对违法犯罪行为从严从重打击，规劝并制止非法采矿者停止违法犯罪活动，充分发挥震慑和警示教育作用。并授予执法联合单位对用于非法采矿的工具设备予以现场处置的权利，以达到震慑和遏制非法采矿破坏生态环境的社会效果，为高乐山自然保护区资源保护和稳定发展奠定了良好基础。

为全力做好"绿盾"专项行动整改工作，保护区管理局按照国家环保部办公厅下发的《关于实地核查国家级自然保护区人类活动情况的函》、南阳市环境保护委员会办公室《关于抓紧开展国家级自然保护区人类活动实地核查的通知》（宛环委〔2016〕15号）、桐柏县人民政府办公室《关于印发〈桐柏县自然保护区管理办法〉的紧急通知》（桐政办〔2016〕113号）等精神要求，在桐柏县委、县政府的领导下，保护区管理局依据有关法律法规和政策，以"绿盾"等专项行动为契机，建立自然保护区资源管理长效机制，科学制订切实可行的整治方案，细化工作措施，明确整治时间，整合管护力量，积极开展保护区专项治理清查活动。在县国土局、环保局、县林业局、森林公安局、林政监察大队等相关执法部门共同参与下，一场声势浩大的联合打击违法违规"护绿行动"在高乐山自然保护区全面展开。通过几个月的拉网排查，查出各类违法违规活动80余起，并分别进行归类，交由森林公安局和林政监察大队立案侦查，从严打击，极大地震慑了违法犯罪分子，桐柏县委、县政府开展的河南高乐山国家级自然保护区"护绿行动"取得初步成效。

为进一步加强高乐山自然保护区监督管理，严肃查处保护区内各类违法违规活动，按照环保部办公厅《关于印发"绿盾2017"国家级自然保护区监督检查专项行动重点核查问题清单和核查表的通知》《河南省"绿盾 2017"国家级自然保护区监督检查专项行动工作方案》、河南省林业厅《关于进一步加强自然保护区监督管理工作的通知》（豫林保〔2017〕119 号）和南阳市人民政府《关于开展自然保护区核查整改工作的通知》（宛政办明电〔2017〕111 号）等文件精神，在桐柏县委、县政府的领导和支持下，保护区管理局成立自然保护区专项治理领导小组，由班子成员带队，组织开展"绿盾"遥感监测问题、人类活动变化遥感监测问题和土地利用变化遥感监测等问题专项整改活动，全面梳理生态环境部历次下达的遥感监测点位的整改情况，逐点逐项实地核查准确记录。以近年新增和规模扩大的工矿开发、采石采砂、核心区和缓冲区内的旅游及水电开发活动等为重点，结合国家和省级环保督察、自然保护区专项督察、"绿盾"专项行动和国家巡查通报问题，以及媒体披露、非政府组织和群众举报的信息等，全面摸排问题底数。对照环保部下发的国家级自然保护区重点核查问题清单、遥感监测疑似问题清单，健全完善问题清单和整改台账（见表 4-7），制订整改方案，划分分管区域和责任人，明确时限完成，并及时上报销号。

为保障高乐山自然保护区生态系统保护与植被修复工作的顺利开展，在县委、县政府的督导下，保护区管理局与县林业局、国土资源局、森林公安局、林业监察中队等单位建立严格执法协同共治联合体系，积极组织开展严厉打击整治非法采石采矿等破坏生态环境的专项行动。各参战单位相互配合，依法依规制订了自然保护区矿业权处置方案，对探采矿证到期的做出了不予续证的处理，拆除有证矿（厂）6 处，无证采石采矿 48 家，成功扣押多台非法开矿设备，全面关闭、取缔了自然保护区内所有违法违规的采矿活动和建筑项目，连续破获了盗采萤石案、私捕画眉鸟案、盗挖映山红案、乱砍滥伐林木等系列案（事）件，对非法侵占、破坏林地的行为依法进行了严厉打击并成功收回。特别是盗挖白土团伙案件的告破，极大地震慑了确山、桐柏两地的犯罪分子，阻断了保护区内资源的流失，违法活动得到遏制，直接或间接为国家挽回经济损失上亿元，为保护区建设的稳定发展夯实了基础。

表 4-7 河南高乐山国家级自然保护区违法违规问题整改台账

序号	所属地市	保护区名称	管理台账								
			活动类型	设施名称	经度	纬度	所处功能区	建设时间	整改情况	面积/亩	整改情况及植被恢复责任人
1	南阳市	高乐山国家级自然保护区	采石场	吴山保护站大寺沟萤石矿	113° 37′ 25.282″ E	32° 39′ 4.914″ N	实验区	2014年	已销号	85.65	国土部门负责
2	南阳市	高乐山国家级自然保护区	采石场	吴山保护站郭竹园东坡萤石矿	113° 36′ 12.212″ E	32° 39′ 7.937″ N	实验区	2012年	已销号	12.9	国土部门负责
3	南阳市	高乐山国家级自然保护区	采石场	吴山保护站顾老庄西沟上梢萤石矿	113° 37′ 47.020″ E	32° 39′ 9.882″ N	实验区	1990年	已销号	7.65	国土部门负责
4	南阳市	高乐山国家级自然保护区	采石场	吴山保护站三间房正北萤石矿	113° 37′ 50.053″ E	32° 38′ 53.294″ N	实验区	2012年	已销号	17.1	郭启东
5	南阳市	高乐山国家级自然保护区	采石场	吴山保护站顾老庄水库西南山坡萤石矿	113° 38′ 9.473″ E	32° 38′ 47.765″ N	实验区	2012年	已销号	23.4	郭启东
6	南阳市	高乐山国家级自然保护区	采石场	吴山保护站顾老庄水库东北角处萤石矿	113° 38′ 23.741″ E	32° 38′ 52.173″ N	实验区	2012年	已销号	10.05	郭启东
7	南阳市	高乐山国家级自然保护区	采石场	杨集保护站虎头庄北山白土矿	113° 45′ 2.123″ E	32° 38′ 56.169″ N	实验区	2016年	已销号	11.25	郭启东

续表 4-7

序号	所属地市	保护区名称	管理台账								整改情况及植被恢复责任人
			活动类型	设施名称	经度	纬度	所处功能区	建设时间	整改情况	面积/亩	
8	南阳市	高乐山国家级自然保护区	采石场	榨楼保护站乱马山萤石矿	113°46′22.015″E	32°34′6.147″N	实验区	2013年	已销号	34.05	国土部门负责
9	南阳市	高乐山国家级自然保护区	采石场	榨楼保护站高院墙庄东南山脊萤石矿	113°46′9.374″E	32°34′43.274″N	实验区	2007年	已销号	8.1	惠先军
10	南阳市	高乐山国家级自然保护区	工矿用地	南小河保护站廖子沟西坡山脊处萤石矿	113°38′58.527″E	32°40′28.325″N	缓冲区、实验区	2015年	已销号	97.35	郭启东
11	南阳市	高乐山国家级自然保护区	采石场	榨楼保护站兰金庄东北大沟上梢山上半坡萤石矿	113°46′18.227″E	32°34′39.610″N	实验区	2008年	已销号	3.3	惠先军
12	南阳市	高乐山国家级自然保护区	采石场	榨楼保护站高院墙过山土地萤石矿	113°46′42.033″E	32°34′50.526″N	实验区	2013年	已销号	14.4	惠先军
13	南阳市	高乐山国家级自然保护区	采石场	榨楼保护站高院墙乱石坑萤石矿	113°46′29.376″E	32°35′0.568″N	缓冲区、实验区	2014年	已销号	24.75	惠先军
14	南阳市	高乐山国家级自然保护区	采石场	杨集保护站桐冠矿业萤石矿	113°47′53.475″E	32°36′28.452″N	实验区	2012年	已销号	45.75	国土部门负责
15	南阳市	高乐山国家级自然保护区	工矿用地	吴山保护站大银山西南坡炼油厂	113°38′5.609″E	32°37′37.048″N	实验区	2015年	已销号	4.2	苏清建
16	南阳市	高乐山国家级自然保护区	工矿用地	杨集保护站蒸馍山选矿(厂)	113°44′3.203″E	32°38′51.515″N	缓冲区、实验区	2014年	已销号	112.05	国土部门负责
17	南阳市	高乐山国家级自然保护区	工矿用地	南小河保护站德鑫石材大理石加工厂	113°40′0.578″E	32°40′30.540″N	实验区	2012年	已销号	2.55	国土部门负责

保护区管理局与林政监察中队联合执法

查封违法设备

一、盗采白土案

2017 年前后，高乐山自然保护区境内连续发生一系列盗挖白土的违法犯罪活动，保护区管理局成立专项行动领导小组，组织巡护队，采取昼夜巡护、现场蹲守等管护措施，24 小时不间断巡护。在森林公安局直属派出所的积极配合下，破获了一系列采挖、盗挖白土的犯罪案件，将该系列采挖白土、盗取国家资源的犯罪人员绳之于法，打击处罚犯罪人员十余人，收回非法侵占林地 1 000 余亩，有效地遏制了保护区内盗挖白土的犯罪态势，有力地维护了高乐山自然保护区自然资源的安全和合法权益。案例如下：

2017 年 10 月，桐柏县回龙乡一联合盗采白土团伙，未经许可同意，在未办理征占用林地手续的情况下，擅自在高乐山自然保护区杨集保护站西大岭处，挖山修路、非法开采白土案。

2017 年 10 月，桐柏县城关镇居民叶某，未经许可同意，在未办理征占用林地手续的情况下，擅自在高乐山自然保护区杨集保护站西大岭西北处，挖山修路、非法开采白土案。

2017 年 11 月，南阳市宛城区居民包某，未经许可同意，在未办理征占用林地手续的情况下，擅自在高乐山自然保护区杨集保护站何大庄水库中段，挖山修路、非法开采白土案。

森林公安执法队昼夜巡护

2017年11月，驻马店市确山县竹沟镇郭某，未经许可同意，在未办理征占用林地手续的情况下，擅自在高乐山自然保护区杨集保护站西大岭半山腰处，挖山修路、非法开采白土案。

犯罪嫌疑人指认作案现场

二、盗挖映山红案

河南高乐山国家级自然保护区成立以来，经过强力打击和精心治理，被破坏的植被得以恢复，一些名贵植物、花卉等得到有效保护，私挖乱采现象得以控制。特别是2017年以来，随着保护区管控力度的加大，管护工作越来越严谨，以致造成原来泛滥的花卉市场因品种短缺而萧条，因而抬高了花卉交易价格，为此一些违法人员不惜铤而走险，打起了非法盗挖、出售映山红树苑的主意。为有力打击盗挖、出售映山红树苑等破坏野生植物资源的违法犯罪行为，保护区管理局与执法单位协同作战，制订方案，精心部署，加大巡护密度，紧盯进山人员和车辆，暗访明察，全天候守护，确保森林资源安全。

（一）盗挖映山红案例一

2019年4月11日，杨集保护站护林员在日常巡护中，发现杨集村周大庄组蚂蚁沟处有人盗挖映山红树蔸，当即上前制止违法行为，迅速报案并拦截作案车辆。保护区管理局接到报案后，迅速与森林公安局联系。接警后，森林公安局立即组织精干警力，赶赴现场，依法带回5名嫌疑人及作案工具与车辆，并连夜进行审讯。经过审讯得知，嫌疑人为驻马店市泌阳县马谷田镇村民高某伙同同村村民禹某等，由高某联系，5人结伴驾驶一辆面包车，于11日上午到回龙保护站杨集蚂蚁沟林子内，使用锄头、手锯、剪刀、钳子等工具，盗挖映山红64棵、榆树1棵，树木均被截干，犯罪嫌疑人对盗挖映山红树蔸的事实供认不讳。桐柏森林公安局根据嫌疑人的违法情节，依法进行了刑事处罚，并没收映山红树蔸64棵，交由保护区管理局栽回林区内。

盗挖的映山红

犯罪嫌疑人指认盗挖现场

（二）盗挖映山红案例二

2021 年 1 月 21 日 13 时，南小河保护站管护人员在保护区巡护中，发现有人在位于回龙乡黄楝岗村石门组五道沟处盗挖野生保护植物映山红，随即将车辆拦截后向林政监察中队报案，中队接案后紧急奔赴案发地。见一辆挂豫 Q 的皮卡车上装有映山红，在保护站管护人员的劝阻下停在坡脚旁。经现场查证，违法行为人邱某系驻马店市泌阳县马谷田镇人，在保护区盗挖行动中被发现拦截。根据嫌疑人违法事实，依法对其进行了刑事处罚，有效地遏制了乱挖偷采植物犯罪势头，在社会上引起强烈反响，起到良好的宣传和教育效果，有力维护了森林资源的安全。

现场查处的违法拉运映山红车辆

三、猎捕画眉鸟案

2021 年 5 月 21 日，南小河保护站管护人员在黄楝岗村五道沟处巡护时，发现有人在往一小型农用车上装画眉鸟，立即阻止并随即报案，桐柏县森林公安局接到保护区管理局报案后迅速出警。经现场查明：方城县人付某伙同贵州省毕节市人李某、陈某等人，事先约定后携带捕鸟网、电子音频播放设备、鸟笼等工具，驾驶车辆，从方城县小史店镇窜至高乐山自然保护区南小河保护站黄楝岗村五道沟处，架设捕鸟网，捕猎野生禽类动物鸟 4 只。经鉴定，4 只鸟属雀形目画眉科噪鹛属，列入《中国国家重点保护野生动物名录》二级，在森林公安人员的见证下，当场将画眉鸟放飞天空。

根据相关法律规定，5 名当事人涉嫌非法猎捕、杀害国家重点保护的珍贵、濒危野生动物罪，被桐柏县森林公安局立案侦查，依法进行了刑事处罚。该案的破获，极大地震慑了保护区内非法猎捕犯罪活动，有力地维护了动植物的生存安全。

没收作案工具并放飞画眉鸟

犯罪嫌疑人指认作案现场

四、盗伐林木案

2018 年 1 月 22 日，吴山保护站管护人员在日常巡护时，发现郭竹园处有人在盗伐林木，随即向林政监察中队报案。林政监察中队立即赶赴现场，经勘查，作案地点在齐亩顶西坡的实验区内，违法行为人郭某某住黄岗镇刘老庄村郭竹园组，无证砍伐栎树 20 余棵。按照相关法律规定，定为盗伐林木案，对其违法行为进行了严厉查处，并没收作案工具及赃物，在社会上起到良好的警示效果。

作案工具及脏物

五、盗挖萤石案

（一）盗挖萤石案例一

2019年1月31日夜，榨楼保护站护林员在日常巡护时，接到当地群众举报说，半夜过后可能有人要偷挖萤石，于是，护林人员悄悄地绕道去举报的地点埋伏。凌晨3时，果然有人员和车辆来到作案现场装拉萤石，他们立即向保护区管理局和林政监察中队汇报，林政监察中队人员冒着严寒，连夜赶往案发地阻止违法行为。经查，作案地点位于榨楼保护站乱马山，违法行为人高某，信阳人，有预谋地趁黑夜无人盗挖萤石，执法人员对违法行为人高某进行现场训教、封锁设备、责成其限期恢复植被等处理，极大地震慑了信阳、桐柏两地盗挖萤石的违法犯罪分子，为保护区资源保护奠定了稳固基础。

勘察作案现场

封锁作案设备

植被恢复前

植被恢复后

（二）盗挖萤石案例二

2020 年 8 月 31 日，南小河保护站管护人员在日常巡护时，发现有人在保护区境内化石沟处偷挖萤石，随即报案。林政监察中队接到护林员报案后，迅速驱车赶往案发地——回龙乡黄楝岗村中心庄组化石沟处。经查，违法行为人赵某系回龙乡何庄村人，询问中违法行为人口出狂言，桀骜不逊，执法人员不惧暴力威胁，依法制止违法行为并现场封锁机械设备，对该违法行为进行从严查处，责令违法行为人赵某对盗挖现场限期进行植被恢复，严厉打击了违法行为人的嚣张气焰，维护了国家矿藏资源的安全。

封锁作案设备

捣毁作案场地

平整厂区恢复植被

植被恢复现状

南小河保护站德鑫石材三厂区拆除前（农用地）

南小河保护站德鑫石材三厂区自然恢复现状（农用地）

南小河保护站德鑫石材三厂区地面修复前（农用地）

南小河保护站德鑫石材三厂区地面修复现状（农用地）

南小河保护站廖子沟萤石矿区拆除违法建筑

南小河保护站廖子沟萤石矿区修复后

南小河保护站廖子沟萤石矿住地现场拆除前

南小河保护站廖子沟萤石矿住地修复现状

南小河保护站化石沟萤石矿违章建筑拆除前

南小河保护站化石沟萤石矿植被恢复修复现状

蒸馍山选厂设备拆除现场

蒸馍山选厂植被修复现状

回龙保护站大龙沟石子厂设备拆除现场

回龙保护站大龙沟石子厂整改后修复现状

回龙保护站跑马岭红色板房拆除前

回龙保护站跑马岭红色板房拆除修复后

杨集保护站蒸馍山萤石选厂拆除违法建筑

杨集保护站蒸馍山萤石选厂拆除修复后

杨集保护站蒸馍山矿区治理点整改前

杨集保护站蒸馍山矿区治理点修复后

杨集保护站蒸馍山萤石选厂拆除违法建筑

杨集保护站蒸馍山萤石选厂拆除修复后

杨集保护站蒸馍山矿区治理点整改修复前

杨集保护站蒸馍山矿区治理点修复后

杨集保护站蒸馍山萤石选厂拆除违法建筑

杨集保护站蒸馍山萤石选厂拆除违建后高标准整地修复后

5年来，在相关执法部门的积极配合下，保护区管理局精心组织，全力作为，对保护区进行"拉网式"清理和整顿，在严厉打击乱砍滥伐、乱采滥挖、非法捕猎、毁林开荒等破坏森林资源和非法占用林地的违法犯罪活动中，做到核实一起、查处一起、整治一起、销号一起，确保治理工作不反弹，经过持续开展强力打击和治理修复，保护区发生了前所未有的蜕变。特别是2017年以来，保护区管理局以"绿盾"专项行动为契机，在桐柏县委、县政府的领导下，始终保持对开矿、采石、开垦等破坏林地资源违法犯罪的严打高压态势，决心守住林地保护这条"红线"，积极与国土、环保、公安、林业等相关执法部门联合行动。桐柏县森林公安局出动警力500余人次，出动车辆200余次，共办理刑事案件50余起，刑事处罚60余人；办理行政案件50余起，行政处罚50多人；林业局林政执法队共查获盗伐、滥伐等各类案件126起，罚没各类项款1 453 668元，依法收回非法侵占林地2 000余亩；依法关闭有证矿山和违法矿点48处；治理矿点80余处，从严从快查处一批典型案件，狠狠惩治了一批违法犯罪分子，为国家挽回经济损失上千万元，有效地遏制了违法违规开发建设活动和森林资源遭受破坏的多发势头，有力地推动了淮河源头自然生态环境质量有效持续改善，生态功能极重要区域和生态环境敏感区域得到严格保护，生态安全得到有效保障。

这些文字和数字的背后，不仅增强了政府和保护区的公信力，同时也向民众表明了党和政府对保护生态环境的决心与魄力。县领导多次亲临现场，踏雪踩泥督察指导，为保护区整改治理和植被恢复工作的顺利开展奠定了坚实基础。同时，在资源保护过程中，积极化解矛盾纠纷，对与当地群众生活息息相关的问题进行妥善处理，努力营造良好和谐的社区氛围。目前，经过保护区全体工作人员的艰辛付出，违法活动得到遏制，生态修复成效初显。保护区管理井然有序，稳定发展，高山岭下勃勃生机，整体面貌焕然一新，天更蓝、山更绿、水呈碧，空气更新鲜，为淮河上游筑起了一道绿色生态屏障。

第四节 科技宣传教育

自然保护区是指对有代表性的自然生态系统、珍稀濒危野生生物种群的天然生境地集中分布区、有特殊意义的自然遗迹等保护对象所在的陆地、陆地水体或者海域，依法划出一定面积予以特殊保护和管理的区域。自然保护区在社会公众心目中还存在着神秘感，容易唤起人们"探秘"和"回归"大自然的强烈愿望，但常常因缺乏动植物保护意识而无意中对保护区自然资源造成一定程度的破坏，且影响了保护区的有效管理。为了更好地发挥自然保护区功能，产生更多生态效益和社会效益，保护区宣传教育工作就显得尤为重要。

宣传教育工作是自然保护区管理工作的主要任务之一。高乐山自然保护区建设发展起步较晚，尚未得到全社会的普遍了解和支持，这就需要通过开展广泛的、持久的宣传教育，逐步提高人们对自然保护区重要性的广泛认知，以增加公众参与可信度。宣传与教育，是自然保护区所发挥的又一个重要作用。高乐山自然保护区建在经济、文化较为落后和封闭的山区，当地群众的切身利益需要照顾，群众的生产生活需要得到保证，群众传统的生活习惯要受到尊重，但这些在自然保护区建立后，要受到有关规定的约束和逐步调整。要处理好这一切，都需要对群众进行深入细致的思想政治教育工作，需要采取简明、生动、灵活多样的方式向广大群众进行宣传，让群众逐步懂得建设自然保护区的意义和保护自然给他们带来的好处，把保护自然资源和自然环境变成广大群众的自觉行动。

一、高乐山自然保护区科普价值

（一）资源优势

高乐山自然保护区以暖温带南缘桐柏山北支的典型原生植被、珍稀濒危野生动植物及其栖息地、淮河源头区的水源涵养林为主要保护对象，位于北亚热带和南暖温带的过渡区，区位价值极为重要，生态景观多样，野生动植物资源丰富。结合访问调查、资料查询，共记录野生动物 318 种，隶属 29 目 84 科。其中国家重点保护野生动物 60 种，河南省重点保护物种 17 种，世界自然保护联盟受威胁物种 14 种。其中两栖动物 8 种，隶属 2 目 5 科；爬行动物为 22 种，隶属 2 目 7 科；鸟类 264 种，隶属 19 目 58 科，国家重点保护物种 53 种，国家一级重点保护鸟类 5 种，二级重点保护鸟类 48 种，河南省重点保护鸟类 13 种，世界自然保护联盟受威胁物种 7 种；记录哺乳动物 24 种，隶属 6 目 14 科。

高乐山自然保护区位于河南省植物多样性分布和发育的中心地带，植物种类繁多。丰富的植物种类和资源优势是开展植物资源综合开发利用研究的基础。据考察和对多年的调查资料分类、鉴定、考证，统计得知，保护区内维管植物（含蕨类植物、裸子植物、被子植物）共 1 840 种，其中蕨类植物 19 科 48 属 107 种，裸子植物 4 科 4 属 7 种（含种下等级），被子植物 143 科 653 属 1 682 种。

（二）科普宣教内容

保护区开展的科普宣教主要包括以下内容：保护区以及动植物保护的相关法律法规、保护区情况介绍、森林防灭火、人与自然和谐发展、生态系统的生态学知识及其功能效益。

（三）科普宣教价值

高乐山自然保护区地处桐柏山东北部，处在北亚热带和南暖温带的过渡区，西部和北部为秦岭－伏牛山地，南部和东南部为桐柏山－大别山地，东部由低山丘陵呈岛链状隔开南阳盆地和黄淮海平原，岛链状的低山丘陵为秦岭和大别山之间的生物物种基因交流提供了通道。特殊的地理位置、复杂的地形、丰富的水源条件，使得该区生态景观多样，植被类型众多，物种丰富，生物区系东西过渡、南北兼容，区位价值极为重要，生态景观多样，具有十分重要的科普价值。

二、高乐山自然保护区科普宣教丰富多彩

（一）竖立标识牌，增强全社会保护意识

高乐山自然保护区在主要区域竖立了警示牌，安装了大型宣传牌，悬挂宣传横幅、刷写宣传标语，功能区内栽植界桩、界碑，在生态脆弱区域设置护网围栏等。这些警示牌、宣传牌等标识的安装使保护区的界线更加清楚，同时也加强了高乐山自然保护区周边居民对保护区的认识和对野生动植物保护的意识。该项工作的开展，对于进一步明确自然保护区权属界线，加强自然保护区管理，更好地开展环境生态保护和科学研究奠定了基础。

（二）出版书籍与印制手册，广泛开展科普知识宣教活动

高乐山自然保护区管理局先后出版了《河南高乐山自然保护区科学考察集》《毛集林场志》《河南高乐山国家级自然保护区植物考察集》《野生动植物科普宣传手册》《森林防火宣传手册》等书籍，同时，制作鸟类、兽类、两栖爬行类和兰科植物等珍稀动植物图文知识展板等，以图文并茂的方式开展科普宣传活动，充分展现了保护区丰富的生物多样性和文化内涵，也让公众更加直观地了解保护区自然生态所产生的诸多效应，了解生态保护科普知识。

（三）深入社区、走进社会，进行现场宣传

在广泛开展科学教育活动中，保护区管理局在主要道口设置了多块法制宣传栏，详细介绍了有关保护区的法律法规，特有濒危珍稀植物的保护意义、保护措施等内容。同时，在生态旅游区旅游线路上设置醒目的宣传标识牌、标语等，并近距离向游客发放文明旅游宣传手册，增强游客爱护自然、保护自然的自觉性，进一步增强生态保护的基本知识和感性认识，促进人与自然和谐发展。

近年来，保护区管理局围绕各阶段的宣传主题，以生态保护为主，结合其他宣传活动，与当地政府部门联手，充分利用各种活动日和纪念日等重要节点，深入社区、集镇、校园、村组开展现场集中宣传教育活动。通过发放宣传资料、开展知识讲座、张贴标语、竖立宣传牌、设立科普知识展板等形式开展现场宣传，同时，注重典型案例的警示教育宣传，进一步增强公众生态保护的认知力和震慑力。向群众普及世界濒危及珍稀物种的繁殖和保护等生物多样性知识，积极宣传生物多样性保护的重要性，让大家对生物多样性保护工作有了深刻的认识，更全面、直观地了解和认知高乐山自然保护区生物多样性的组成和现状，激发了青少年对动植物保护的意识，初步形成具有社区特色的生物多样性保护宣教模式。

（四）多种方式展示保护区发展新理念

　　高乐山自然保护区借助报刊、杂志、今日头条和微信等平台开展科普宣教。一方面借力各种媒体平台，组织专题专刊宣传，提升高乐山自然保护区的知名度。其中，河南高乐山国家级自然保护区管理局在 2021 年 6 月摄制的电视纪录片《守护淮河源 铸就高乐山》，在河南省林业局网站、桐柏电视台等主流媒体进行报道，在社会上反响强烈，获得公众赞誉，广泛拓展了保护区的知名度和影响力。2021

年 6 月 19 日，《河南经济报》发表特别报道《淮河源头的明珠》。2021 年，国家林业和草原局编纂《中国林业和草原年鉴（2021）》，其上发表了《发扬新时代毛集林场精神 再创历史新辉煌》的文章。为保护区宣传工作起到积极的推动作用。另一方面，充分发挥自然保护区的宣传、引导作用，及时传播保护区日常管护工作的生动画面及相关科普知识。以此提高管护队伍的积极性和凝聚力。

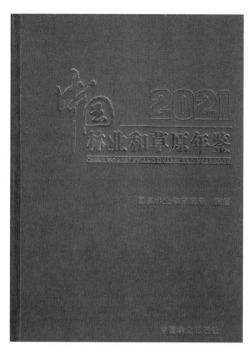

（五）加大生态保护法律法规宣传力度

针对不同的宣教对象，其科普宣教的内容也有所差别。针对周边群众，宣教内容以法制宣传为主，科普宣传为辅。通过开展《中华人民共和国森林法》《中华人民共和国野生动物保护法》《陆生野生动物保护实施条例》《自然保护区管理条例》《森林防火条例》等法律法规的宣传，同时介绍保护区内的动植物资源、森林生态系统的特殊性，积极宣传生态文明理念，引导公众树立正确的生态文明价值观，推行绿色生活方式，使保护区周边群众充分认识到自然保护区建设与当地经济建设、生态环境保护和资源持续利用的关系，进一步提高保护区群众的法治观念和生态保护意识，以达到依法管理、依法治区的目的。针对中小学生的宣传教育，以科普宣传教育为主，增加中小学生的生态保护知识，进一步增强青少年热爱自然、保护野生动植物的观念，激发学生的社会责任感。通过开展中小学生科普宣教活动，师生们对自然有了更多一份的亲近、更多一份的了解，提高了学生的生态保护意识，得到师生充分的喜爱和肯定。今后，高乐山自然保护区管理局将持续开展更多形式的宣传教育活动，扩大宣传范围，让生态保护意识走向社会、走进每个家庭。

（六）加强合作，提升能力

为提高科研监测能力，保护区管理局先后与生态环境部南京环境科学研究所、南阳师范学院、南阳市野生动植物保护站等，搭建保护区生态系统监测与动植物调查等相互作用综合监测系统信息共享平台，提升自然保护区气象、水文、动植物及生态监测能力，研究成果对高乐山自然保护区生态环境保护发挥重要的作用。

三、强化科普宣传，发挥新媒体作用

经过多年的实践与改进，高乐山自然保护区在科普宣传形式下发生了根本性转变。科普宣传工作通过线上线下等多种方式开展全方面宣传。建立门户网站，创建微信公众号，充分利用微信群、QQ群、抖音等新媒体宣传平台，在"3·12"植树节、"野生动物宣传月"、"世界环境日"等重要时机，开展习近平生态文明思想及讲话精神等宣传活动，广泛宣传加强生态保护和高质量发展对改善生态环境、建设生态文明等方面的重要作用。各保护站、林区利用重要时间节点，深入林区、社区、村组、学校等人员集中场所，近距离开展生态环境宣传教育，使习近平生态文明思想和"绿水青山就是金山银山"的发展理念深入人心，为做好保护区生态环境保护工作营造良好舆论氛围，强力推进自然保护区宣传教育常态化建设。

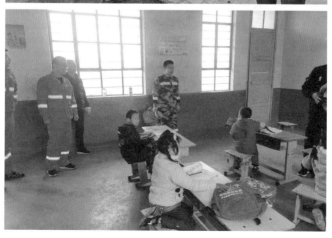

第五节 生物监测与防控

一、野生动物疫源疫病监测

野生动物疫源疫病监测防控工作是《中华人民共和国野生动物保护法》赋予林业部门的法定职责，是绿色河南、美丽河南和平安河南建设的重要保障，在维护生态平衡和公共卫生安全中发挥着不可替代的作用。根据河南省林业厅《关于在国家级自然保护区加挂国家级野生动物疫源疫病监测站牌子的通知》（豫林护〔2018〕156号）精神，保护区管理局成立了河南高乐山国家级野生动物疫源疫病监测站。按照河南省野生动物疫源疫病监测中心文件《关于2018年挂牌新建国家级野生动物疫源疫病监测站正式启动监测工作的通知》（豫林监〔2019〕2号），于2020年1月1日正式启动野生动物疫源疫病监测工作。2021年6月10日，河南大学生命科学院野外实习基地和南阳市野生动植物科研监测站在保护区挂牌。

（一）完善规章制度，提升监测队伍的专业技术水平

为确保疫源疫病监测工作的顺利开展，根据《中华人民共和国动物防疫法》以及国家林业局《陆生野生动物疫源疫病监测》要求，保护区管理局分别制定了《野生动物疫源疫病应急预案》《野生动物疫源疫病监测报告和处理程序》《疫源疫病野外监测值班管理制度》等一系列规章制度。成立专业监测队伍，设立8个野外监测点，固定8名监测员，组建陆生野生动物疫源疫病监测处理预备队，举办了6期林区管护人员疫源疫病知识培训，参加了由国家、省监测中心组织的3期培训，防疫队伍的专业技术水平大幅提高。疫源疫病监测工作开展以来，监测组成员严格按照野生动物疫源疫病防治要求，密切关注辖区内野生动物疫源疫病变化情况，以高度的责任感、使命感，认真做好野生动物疫源疫病监测防控工作。

（二）强化责任意识，认真做好日常监测与防控

为有序开展野生动物疫源疫病监测工作，保护区管理局成立专门指导小组，组建专业监测队伍，专职从事疫源疫病监测工作。科学合理设置野生动物固定观测点，确定巡护线路，加强对重要野生动物集中分布地和鸟类主要繁殖地、停留地、迁徙走廊带及相关环节的疫情监测。建立健全工作制度，明确岗位职责，遵照"勤监测、早发现、严防控"的要求，严密监测本区域留鸟等野生动物种群动态，发现猎捕、破坏野生动物资源的行为坚决制止并上报主管部门，如实填写疫源疫病监测情况统计一览表。同时，要求基层保护站结合日常巡护工作，发挥野生动物疫源疫病监测主动预警功能，提高巡护中观察频率，密切注意本辖区野生动物疫源疫病变化情况，加大对辖区重点鸟类或其他野生动物活动密集区域的监管工作，及时救助受伤的动物，尽力让它们恢复健康重返大自然。

（三）加大宣传力度，增强广大人民群众的防范意识

为提升广大群众对保护野生动物资源重要意义的认识和保护技能，增强责任意识和行动自觉，2020年以来，保护区管理局分别在各保护站所在的周边社区、学校等开展了野生动物疫源疫病防控科普宣传活动。保护区工作人员通过摆放宣传展板、悬挂横幅、现场讲解、展示宣传海报、发放宣传资料等方式，详细地为

大家科普野生动物保护和疫情防控工作、动物救护常识和保护野生动物法律法规等知识，让广大群众了解了人与野生动物的密切关系，树立了主动保护野生动植物和坚决拒食野味的意识，杜绝乱捕滥猎野生动物的行为。参加宣传人员30余人，出动宣传车20台次，散发各类宣传传单3 000余份。并进行现场咨询，告诫公众不捡拾、不接触死亡野生动物，不与野生动物密切接触，降低人兽共患病传播风险。积极引导梳理野生动物疫病可防可控、群防群控的理念，不断增强人民群众的防范意识，营造保护野生动物人人有责、身体力行、共同参与保护事业的社会氛围。

（四）加强巡查监测，严格落实疫情报告制度

为将疫源疫情监测工作落到实处，保护区管理局根据相关规定严格落实疫情第一时间报告制度，要求各保护站加强对野生动物集中分布区、取食地、越冬地等区域的监测巡护，认真做好鸟粪采样检测工作。各监测点固定监测人员做好应急职守工作，确保异常情况第一时间发现、第一现场处置、第一时间向上级主管部门汇报，确保巡查、处置无缝对接。

（五）完善保护措施，有序推进野生动物监管工作

近年来，根据国家级陆生野生动物疫源疫病监测站工作要求，保护区管理局制定了《河南高乐山国家级自然保护区野生动物疫源疫病监测技术规程》，进一步完善了疫源疫病监测与防控管理措施。 一是强化源头管理。按照"技术规程"要求，加大野生动物疫源疫病监测力度，加强事中、事后监管，完善相关档案资料，推动野生动物动态化、可追溯管理。 二是强化检查执法。联合相关部门加大野生动物经营场所检查力度，持续保持打击野生动物违法行为的高压态势。 三是加强野外巡护。对野生动物经营、运输、养殖场所及经常发生非法猎捕留鸟等野生动物的重点地区进行全面检查，坚决遏制乱捕滥猎野生动物的行为。四是持续开展科普宣传工作，努力提高公众的野生动物保护和疫源疫病防范意识，让更多的人了解、参与到野生动物保护的公益事业中来，为推动绿色发展，促进人与自然和谐共生贡献力量。

二、森林病虫害防治

森林病虫害的防治作为国家减灾工程的组成部分，不仅对森林资源的保护、生态环境的改善有重要的意义，而且能够促进国民经济和社会可持续发展。近年来，高乐山自然保护区始终坚持"预防为主，防重于治"的森林病虫害防治的方针。积极开展林业有害生物发生发展规律和测报防治的研究。以省、市、县组织开展的林业有害生物普查工作为契机，建立和完善保护区林业有害生物数据库，科学总结保护区建立以来开展林业有害生物防治的经验教训，推动保护区林业有害生物防控逐步转向以生物防控为主，实现保护区有虫不成灾的目标。一是加强林业有害生物检疫御灾体系建设。充分利用保护区护林防灭火检查站的平台，加强对进入林区的苗木、木制品和林产品的检查和送检，严防外来性林业有害生物疫情传入保护区。二是完善林业有害生物防治减灾体系建设。层层落实林业有害生物防治责任，完善测报防治责任制度，建立科学高效的应急工作机制，组建专业防治队伍，积极应对，快速响应，把灾害控制在最小范围。三是完善防控指标体系。对美国白蛾、松毛虫、松阿扁叶蜂、刺槐尺蠖等重大食叶害虫加强监测和查防工作，采取人工、物理、生物、喷洒无公害药物等综合措施，严防疫情传入。

我国病虫害种类共有 8 000 多种，经常造成危害的有 200 多种，目前国内危害较为严重的"十大"病虫害为：松毛虫、美国白蛾、松材线虫病、杨树蛀干害虫、日本松干蚧、松突圆蚧、湿地松粉蚧、大袋蛾、松叶蜂、森林害鼠。

森林病害（如松材线虫病、立枯病、叶斑病等）是指森林植物在其生长发育过程中或其产品和繁殖材料在储存和运输过程中，遭受其他生物的侵染或不适宜的环境条件影响，生理程序的正常功能受到干扰和破坏，从而导致植物生理上、组织上和形态上产生一系列不正常的状态，生长发育不良，甚至整株死亡，最终造成一定的经济损失和森林植被的破坏。林木病害的类型有：一是侵染型病害，是由真菌、细菌、支原体、病毒、寄生性种子植物、藻类、线虫和螨虫等侵染的病害，此种病具有传染性。二是非侵染性病害，是由不适于林木正常生长的水分、温度、光照、营养物质、空气污染等因素所引起的病害，这种病不具有传染性。

三是衰退病，是指按照特定顺序出现的一系列生物和非生物因素综合作用造成林木生长势或生长潜能显著下降，最终导致林木死亡的一种病。

森林虫害（如松毛虫、美国白蛾等）是一种非常普遍的自然灾害，是昆虫在繁殖生长的过程中，取食植物的营养器官或吸食植物的汁液，造成林木所生产的营养减少或者是林木的营养物质被林木害虫取食造成林木生长不良，使得木材及林副产品的产量下降，甚至造成大面积林木死亡，直接威胁林木生长安全。

保护区管理局成立以来，始终坚持"以防为主，防重于治和以生物防治为主"的方针，紧紧围绕新时期林业发展大局，深入贯彻执行《森林病虫害防治条例》和《植物检疫条例》，秉持"以防为主、科学防控、依法治理、促进健康"的理念，加强林业有害生物防治，完善国家级森林病虫害中心测报点建设，抓好林木病虫普查、测报和检疫等基础工作，重点做好美国白蛾和松材线虫等的监测与防控，大力推广生物防治，推行无公害防治。兢兢业业，认真负责，促使森林病虫害的预测预报、防治和林业植物检疫工作逐步走向正规，为高乐山自然保护区健康发展起到了保驾护航的重要作用。

为进一步加强森林病虫害防治工作，近年来，保护区管理局投入大量资金，加强基础建设。森防基础设施设备得以巩固和加强，目标管理责任制得到完善和落实，防治技术手段和防治成效不断创新和提高，整体防控防御能力大大增强。为加强保护区森林病虫害防治工作，保护区管理局在原来防治的基础上，又完善了一系列措施：

(1) 强化森林病虫害的防治意识。森林病虫害虽然不像普通自然灾害那样会带来直接的危害和损失，但是具有生物破坏性大的特点，在防治上存在着艰巨性和周期性。高乐山自然保护区把防治工作纳入本单位的经营发展和规划中，将减灾计划和目标责任制切实地落实到单位和个人，签订目标责任书。从根本上加强森林病虫害治理中的建设能力，促进森林病虫害防治工作水平不断提高。

(2) 宣传普及森林病虫害的防治知识。在实际工作中，时刻保持与当地森防部门沟通联系，在病虫害的预测预报基础之上，加强宣传，发放美国白蛾、松材线虫病、杨树食叶害虫等病虫害防治技术手册,广泛发动学校老师、学生和当地群众,提高病虫害识别能力,唤起广大群众的责任意识和忧患意识,自觉投身到有害生物防控中去,同心协力搞好自然保护区的防控工作。

(3) 加大科技与资金的投入力度。对森林病虫害的防治工作始终都要依靠科技的力量,尤其是在病虫害种类和特性日益多样化的今天,防治手段需要随时随地进行改进,才能有效地控制森林病虫害的发展。在森林病虫害的防治过程中,需要我们逐步实施相关措施才能保证防治的效果。

悬挂病虫害监测设备

林区巡回开展美国白蛾防治工作

第六节 森林防灭火

　　森林防灭火事关森林资源和生态安全，事关人民群众生命财产安全。既是加快林业发展、加强生态建设的基础和前提，也是社会稳定和人民安居乐业、践行"绿水青山就是金山银山"理念的重要保障。随着我国林业逐步转向以生态建设为主的发展战略，国有林场已成为我国生态脆弱地区最主要的生态屏障和重要的后备森林资源基地，特别是在众多的大面积国有林区、自然保护区及风景名胜区，分布着多种古树名木、名花异草及珍禽稀兽，所有这些都是人类不可多得的宝贵财富。然而，森林火灾能使这些宝贵资源付之一炬。因此，防止森林火灾就是保护森林自然资源，我们将时刻保持"森林防火，警钟长鸣"的高压态势，促进全民参与，共同做好防灭火工作。

　　高乐山自然保护区，地处南阳、信阳、驻马店三市三县一区接合部，山高坡陡，林密草深，护林防灭火任务十分艰巨。为切实抓好森林防灭火工作，着力提高森林防灭火的管理水平，确保森林资源和人民群众的生命财产安全，保护区管理局始终站在全局的高度对防灭火工作进行统一部署，严格按照相关规定抓牢护林防灭火工作的各个环节，积极贯彻执行《森林法》和《森林防火条例》等相关法律法规，坚持"以防为主，积极消灭"的护林防灭火方针，实施"一手抓资源保护，一手抓森林防火"两手抓措施，成立防火指挥部，制定扑火应急预案，强化队伍技能培训，夯实防灭火设施建设，健全规章制度，规范管理措施，建立瞭望台，开挖防火道，建设生物防火隔离带，形成了人工保护、工程保护和生物保护相结合的防火网络，保持了多年来有火不成灾的良好态势。

一、成立领导机构，建立防火机制

　　一是明确指挥机构和各站、区、点管理责任，全面落实森林防灭火的职责和任务。成立森林防灭火领导小组，下设办公室，协助领导抓好森林防灭火的督促与检查，小组成员务必提高政治站位，强化工作举措，切实协助做好防灭火督察工作。实行领导带班制度，明确各相关管护人员肩负的职责，增强政治意识和防火意识，确保森林防灭火机构健全稳定，人员高效精干，认真履职尽责，把森林防灭火机制真正落实到位。

二是强化责任落实，确保措施到位。各相关单位要牢固树立责任意识，建立健全责任考核体系，层层抓好责任落实。坚决树牢"防"是前提、"控"是关键、"救"是保底的观念，时刻保持清醒头脑，坚决克服麻痹思想和侥幸心理，切实把森林火灾防控措施落到实处。

三是加强宣传教育，营造浓厚氛围。积极推进防火知识进村入户、进单位、进学校、进家庭，营造全民防火的良好氛围。

四是加大督察力度，堵塞隐患漏洞。全面检查设施维护、预案修订、物资储备、人员布防、火源管控等责任落实情况。对发现的遗漏问题，要及时督促整改。

五是严管野外火源，建立火源检查站。各防火重点区域、重点时段，加强巡查，严格管控。加强野外用火的管理与监督，充分发挥检查站职能，认真检查入山人群，严防火种进入林区，严查严打违章用火行为。

六是严格执行火情"零报告"制度。加强火险观察工作，对火情实行全天候监测，严格落实"有火必报""报扑同步"制度，及时、准确、规范地报送火情信息，无火报平安。

七是科学处置火情，确保扑火安全。认真抓好防火指挥机构建设，充分发挥火场指挥的核心作用，正确判断，率前指挥，统一号令，统一行动，使各参战人员形成合力，一旦发生森林火灾，扑火队伍能快速进入状态，确保"打早、打小、打了"，及时清理火场余火，严防余火复燃。树立"生命至上、安全第一"的思想，始终把人员安全放在第一位，强化扑火技能和紧急避险培训，坚持以人为本，科学扑救，确保火灾零发生、人员零伤亡。

八是加强值班调度，确保信息畅通。严格落实 24 小时值班和领导带班制度，值班人员要坚守岗位，全面掌握火情动态，做到情况清楚、上报迅速、组织及时。

二、加大宣传力度，加强联防共治

森林防灭火工作是一项群众性、社会性很强的工作，关系到千家万户，涉及范围广，管理难度大。只有在广大群众中做好宣传教育工作，不断提高对森林防灭火重要性的认识，严格遵守森林防灭火的政策、法令、制度，加强防范措施，才能有效防止森林火灾。根据《河南省森林防火条例》规定，高乐山自然保护区的防火期定为每年 11 月 1 日至翌年 4 月 30 日。为切实做好护林防灭火工作，保护区管理局每年都要开展大型的宣传教育活动，一是利用广播、条幅、标语等形式进行防火宣传教育，为森林防火营造良好的舆论氛围；二是广泛发动群众，护林员深入农户，发放宣传单，耐心宣传野外火源管理等规定，提高林区群众的防火意识；三是通过墙体标语、宣传牌、警示牌等固定宣传和宣传车流动宣传，大造森林防灭火声势，有效地提高了全民的防火意识。同时，着力加强护林联防工作，积极与当地政府和村民小组通力协作，密切配合，建立护林防灭火联防网络，共同做好森林防灭火的宣传与火灾的预防和扑救，将护林防灭火责任落实到村组、山头、地块和具体人员，建立全民参与、区地共管、信息共享、联防共治、相互支援的联防机制，推动护林防火人人有责的宣传工作走向社会，携手共创全民防火良好局面。

森林防灭火宣传车街头巷尾宣传防火知识

与辖区乡镇定期召开护林防灭火联防会

进入社区宣讲森林防灭火知识

护林防灭火宣传小组进入村组发放宣传单

三、规范队伍建设，完善规章制度

（一）森林消防专业队伍建设

2005 年 12 月 13 日，依据桐柏县人民政府桐政〔2005〕82 号文件精神成立了桐柏县第二森林消防纠察中队。为全面加强保护区防火专业扑火队伍建设，切实提升森林防灭火队伍森林火灾处置、快速反应、快速扑灭林火的综合作战能力，2017 年以来，对扑火队进行了专业培训并提出更高要求：一是要认真履行工作职责，充分发挥扑火队作用；二是专业扑火队在火灾发生时要快速反应，及时出击，精诚团结，通力协作，互相帮助，按照"听从命令，服从安排"的要求，在防灭火指挥部的统一指挥下开展处置工作，形成一个凝聚力、战斗力强的团队集体；三是严格执行防火规定，一旦接到火情、火灾扑救命令，快速组织集合，"科学、高效、安全"地处置各类突发森林火灾；四是加强学习，认真掌握森林防灭火的有关知识和专业技能，提高自身的专业素质。同时，要求专业扑火队队员严格执行管理制度的规定，统一管理、统一着装，做好安全防护，充分发挥森林消防队的先锋突击作用，对高火险区域和危险时段做到高密度、不间断地巡查，随身携带灭火器具，确保遇有突发火情，快速出动，及时处置，做到"召之即来、来之能战、战之必胜"。

除专职森林消防队外，以林区、保护站为单位成立森林消防小分队，按规定

标准配备交通和扑火工具，进行常规专业训练和实战演练，提高各林区、保护站对突发火灾的快速反应和扑火能力。

（二）森林防灭火制度

为加强保护区森林防灭火工作，有效遏制森林火灾发生，根据《中华人民共和国森林防火条例》和《桐柏县森林防火责任追究及奖惩办法》等相关规定，结合保护区实际情况，制定了《领导带班制度》《24小时值班制度》《防火日报制度》《视频签到制度》《日常考勤制度》《年度目标考核制度》《消防器材管理制度》。

四、完善监控网

监控是自然保护区森林防灭火的主要预测预报方式，有助于及时发现火情，快速组织人员扑救火灾。为实现对保护区火情火警的全方位观察，保护区管理局根据防火需要，多方筹措资金，在火险等级高、地势位置明显处建立监控设施，安排专职人员看守、全天候观察，充分发挥森林防火"耳目"的重要作用，准确报告火情信息，为第一时间组织扑救提供保障。一是建立森林防火监控设备网络，及时发现监测火灾隐患、火情和动态，监测火场位置、面积和火势蔓延方向，为护林防灭火提供准确信息；二是建立和完善局、站、点三位一体的森林消防预测预报指挥系统，加强协同作战团队体系；三是建立保护区防火预测预报监测系统，切实加强森林火灾的信息化建设，为森林防灭火信息化、智能化建设奠定坚实基础。目前，监控覆盖率达到70%以上，初步形成大区域防火监控网。

五、建立生物工程防护网

科学制定防灭火应急预案，巩固和改善人工防灭火措施。逐步增建一定面积的森林防灭火工程网，改变长期以来采用火烧法、人工打烧森林防火线的传统做法，既减少因打烧森林防火线造成的烟尘污染和跑火风险，又减轻了消防人员扑火负荷，进一步提高防灭火能力，增加防灭火保障。

(1) 建设保护区防火道路网。通过科学规划，合理布局，增修林间道路，逐步形成保护区防火道路网，确保各区域间实现森林资源保护和森林火灾扑救方便快捷。

(2) 建设保护区防火道工程网。保护区位于三市三县一区交界处,人为活动频繁,极易引发山火,为有效阻截火情发生和蔓延,在火险等级高的重点林区山脊分界处,采用砍除易燃树种、割除杂草、清除枯枝落叶、垦复地面等方式,实施人工开挖防火道 30 余 km。

(3) 建设保护区生物防火隔离林带网。保护区建立以来,分别分批次在红卫、回龙等火险易发地区建设宽 30 m、总长 20 余 km 的生物防护林带,栽植栀子、女贞等阻燃树种,逐步形成了林火阻隔网络体系,为森林防火增加了一道"避火墙"。

生物防火林带远眺

栀子生物防火林带

六、完善消防设备配套

2018年，根据森林防灭火规范化建设要求，新建防火物资储备库80 m²，更新风力灭火机20台，一号扑火工具1 200把，二号扑火工具800把，防护服100套，消防运兵车1辆，配备了电脑、打印机、GPS、无人机等设备。同时，制定了森林防灭火物资管理制度，实行物资专人、专柜管理，机具随时保养，保持整洁，摆放有序，用时方便快捷。

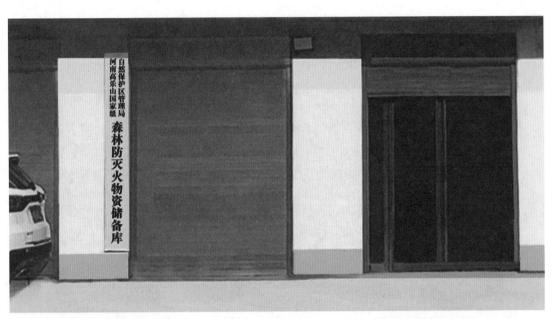

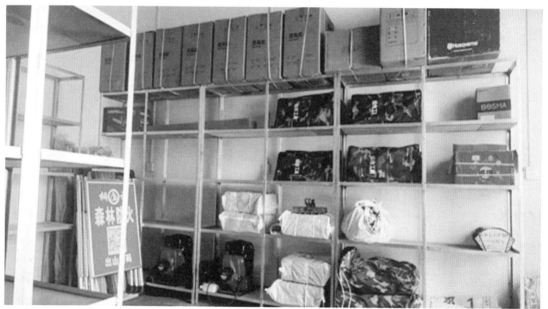

七、森林防灭火保险

自 2016 年开始，保护区管理局与桐柏县相关保险公司签订了"林木综合险"合同。一旦发生火灾，防火办公室及时报损，保险公司现场评估及时赔付，补偿资金用于生态修复和添置消防器材及设备维修。

第七节 确界立标

为加强高乐山自然保护区边界识别和森林资源的管理，保护区管理局根据《环境保护部关于发布辽宁楼子山等 16 处国家级自然保护区面积、范围及功能区化的函》（环生态函〔2017〕11 号）精神及相关主管部门要求，保护区管理局通过多种形式开展《森林法》《自然保护区管理条例》及森林防火法律法规等宣传活动。为明确保护区范围和功能区分界线，坚持科学规范的原则，采用现代技术和先进方法，科学确定保护区范围和功能分布，精确标定自然保护区的界限，最大限度地保护生态系统的真实性、完整性和适应性。坚持分级负责的原则，严格按照局、站、点分级负责，密切配合，协调推进保护区勘界立标工作。坚持公开透明的原则，相关人员充分参与，并对结果予以公示，并根据勘界结果设立界桩、界碑、指示牌等。增强全民保护生态、建设生态观念，限制人为活动对保护区内自然资源的破坏，按照《自然保护区管护基础设施建设技术规范》和《河南高乐山国家级自然保护区总体规划（2017—2026）》设计方案标准，2017—2021 年，保护区管理局争取上级扶持资金200 余万元，在保护区范围和周边主要道口开展了宣传牌、界牌、界桩、标牌防护网的安装工作。这些标识标牌、界桩界碑等设施的设立安装使自然保护区的界线更加清晰明显，增加了周边群众对建立自然保护区重要性的认识和森林生态的保护意识，充分发挥指示、警告、宣传的作用，为保护区的稳定发展建筑了一道坚不可摧的"防护网"。同时，也向公众宣示了保护区的合法地位和权益。

一、标识牌

标识牌是一种宣传性标牌，主要是展示规定、规则、宣传规章制度，规范人为活动应注意事项等。根据保护区功能区地理分布，在主要交通路口、居民点、人为活动频繁区域、检查站、遥感监测点等明显位置安装了大型宣传警示牌 12 个 (3 m×5 m)，小型宣传牌 24 个 (2 m×3 m)，遥感监测标示牌 17 个。悬挂宣传横幅、刷写宣传标语 200 余条（幅）。目前，正在桐柏县回龙乡汪大庄西大岭与确山县交界处设立一块大型保护区标识牌，版面面积 18 m²，正面为保护区简介，背面为保护区地图。标识牌的竖立对提高公众的保护意识，促进人与自然和谐相处将发挥积极的推动作用。

二、区碑

区碑是保护区的象征性标志，设立在进出保护区的主要路口，既具有保护区分界的明显识别作用，又具有警示宣传作用，引起人们对保护事业的高度重视，唤起减少人为破坏的觉醒意识。为了严格保护被保护对象（如野生珍稀濒危物种），而将自然保护区划分为核心区、缓冲区和实验区。核心区是保护区的核心，是最重要的地段，禁止任何单位和个人进入，进行绝对保护。核心区外围适当划出一定面积的缓冲区，只允许进入从事科学研究观测活动。缓冲区外围可划为实验区，可以从事科学实验、参观考察、生态旅游，以及驯化、繁殖珍稀、濒危野生动植物等活动。栽立功能区标识，目的是提醒和告诫人们不能擅自进入保护区，应自觉遵守保护区管理规定，共同维护和创造良好的自然生态环境。为提高人们对设立各功能区的重要意义的了解，增强保护意识，分别在榨楼、回龙、吴山、杨集、南小河保护站等主要道路沿线设置界碑 500 块。

三、界桩

界桩主要设置在保护区边界和功能区界线上，起保护自然、辨别位置和表达信息等作用。根据《自然保护区工程总体规划设计标准》及保护区实际的区界的情况，界桩每 500 ~ 1 000 m 设置一个，保护区共栽界桩 2 100 块。主要采用钢筋混凝土结构，桩面标注保护区名称及界桩序号。

四、网围栏

高乐山自然保护区地域宽广，地形复杂，给巡护与管理带来了极大不便，为了更有效地保护和管理好区域内的森林资源和野生动植物及其栖息地，在人为活动频繁的植被恢复区和生态脆弱区拉设防护网围栏 15 000 m。为保护区森林生态安全和动植物生存环境筑建了一道坚固的"钢铁长城"。

第八节 维权保稳

随着科技的进步与经济的快速发展，人们的生活质量不断提高，在满足物质需求的基础上，人们逐渐注重精神方面的享受。一些企业不顾长远发展规划，一味追求眼前的利润空间，肆意开矿采石、毁坏森林植被，不断蚕食保护区资源，破坏了生态环境，造成生境破碎、物种数量和种类锐减，引发保护生态建设和社会发展之间的矛盾日益突显。在这样的背景下，在一定的程度上增加了保护生态资源和生态环境工作压力，也给保护区的未来长远发展带来严峻挑战。

一、健全组织机构，完善维稳措施

为确保辖区社会和谐稳定，高乐山自然保护区自成立以来，根据中央、省、市、县关于做好信访稳定工作的要求，保护区管理局成立维稳工作领导小组，由支部书记任组长，各股室、保护站负责人为成员，采取"早部署、早排查、早化解"的有力措施，做到任务明确、责任到人，按照"属地管理"的原则，各自抓好本辖区内维稳工作的落实，消除隐患和矛盾，营造安定有序的良好氛围。

(1) 摸清底子，做好排查。各小组成员加大排查力度，认真梳理排查辖区内不

定期和辖区村民沟通、交流、联谊

稳定因素和存在的矛盾纠纷，耐心听取上访人的真实诉求和困难，把矛盾和问题解决在当地、化解在一线。

(2) 加强沟通，信息共享。加强与信访部门的沟通联系，及时掌握信访重点人员的信访动态。一旦发现越级访、集体访苗头，立即报告信访办公室，并及时与当事人沟通，协助维稳领导小组妥善解决信访隐患。

(3) 畅通渠道，做好化解。严格按照维稳工作负责制要求，实行领导带班、24小时专人值班制，认真做好来信来访的记录。热情接待来访人员，不能解决的耐心解释，讲清法律法规和保护区建设的必要性、重要性，做好思想工作、劝返工作，尽最大努力将矛盾化解在萌芽中，确保高乐山自然保护区和谐稳定发展。

二、依法维护权益，促进和谐稳定

林地资源是林业发展的根基。尊重历史、依法维权是建立和谐社区共同发展的根本保障。高乐山自然保护区面积均在毛集林场范围内，属国有林地。建场之初正是"大跃进"的后期，受当时政治因素的影响，人们思想进步觉悟高，征地中所属社队参与者大都是负责人、党员或是群众代表，场群双方站在大公无私的立场上，抱着一切都是为了国家建设的高姿态，划分边界中随意指点，有些地方甚至划到房后，与周边集体林更是紧密相连，犬牙交错。在议定书签订中，多以小路、沟塘、石凸等表述，时间已久，有些标志不存在或已遭人为破坏，部分界标地名与当地叫法对不上，出现了实际地名和林地位置不符或文字表述与实际边界不一致等现象。有些地方政府保护主义严重，不顾县政府发给林场林权证这一事实，将林场所属林地又重新划分给了当地的村民，从而造成大面积国有资产的流失。还有一些单位或个人在没有办理任何林地征占用手续的前提下，将国有林地擅自挂牌出售，使得占地单位和保护区之间纠缠不清，致使问题久拖不决，因而造成了保护区与周边村组林地林权争议升级，引发多起群体上访事件。2017年以来，保护区管理局接到有关部门转办的十多起群体性信访案件，这些案件处理不好极易激化矛盾，引发不明真相的群众起哄，造成不良影响。为切实维护桐柏县社会政治大局稳定，预防和妥善处置在林地管理过程中的群体信访事件，信访办公室认真执行局班子研究决定的处置方案和措施，主动与当事人进行沟通协调，对反映有争议的林木、林地，认真查找证据，在"尊重历史，维护大局"的前提下，多渠道妥善解决纠纷，做好突发性信访事件、恶性上访和越级上访的预防预警处置工作。经保护区与县政府、县林业局协调取证，县政府做出争议林权行政处理决定，市政府又做出了行政复议决定，凡属争议林地归国有，依法依规维护了保护区的合法权益，开创了由政府确权、保护区维权的林地林权纠纷解决新途径。

市、县林业局、保护区管理局和回龙乡政府在杨集确界定标

三、依托生态资源，推进兴林富民

"棒打野兔瓢舀鱼，野鸡飞到饭锅里"，这是人们对 20 世纪六七十年代自然生态的真实描绘和美好回忆。久居山区，世代延续，传统的生活方式决定了保护区周边群众"靠山吃山"这一事实。随着社会的发展和人们生活水平的提高，自然生态资源被大肆掠夺和人为破坏，动植物种群生存威胁日趋严重，这就加快了建立保护区的进程。保护区的建立，禁止开矿、取土、放牧、狩猎等，一定程度上剥夺了周边群众长期享用自然资源的权利，限制了村民的活动范围，导致保护区与周边群众关系紧张，引发多起故意阻挠生产、破坏保护设施等事件。为缓解双方的冲突，化解复杂的林农、林权矛盾，维护国有资产安全，营造良好的社区发展环境，保护区管理局积极开展宣传教育活动，促进农林牧副结构合理，协调

发展。一是引导社区群众自觉遵纪守法，合理利用资源开展林产加工业。充分调动周边群众保护自然资源和生态环境的积极性，增强村民对森林资源利用和保护的意识。二是引导群众发展油菜等种植业和圈养牛、羊、猪、鸡等养殖业。三是发挥资源优势，开发森林休闲、度假等生态旅游，引导群众开办农家乐等新业态，促进林业在农村经济发展、农民增收中发挥重要作用，推进兴林富民双赢。通过多年来持之以恒的宣传，保护区群众已经体会到自然保护区给当地带来的好处，保护意识大大增强，保护区的各项工作在稳定发展中逐步趋于法制化管理。

街头宣传自然保护区建设的重要性

践行两山理论 守护美丽家园

第九节 管理规范化建设

一、历史沿革与法律地位

1960 年 1 月 22 日，河南省人民委员会以豫林字（第 6 号）批准建立国营桐柏县毛集林场；2004 年 2 月 26 日，河南省人民政府以豫政文〔2004〕33 号批准以国有桐柏毛集林场为基础建立桐柏高乐山省级自然保护区；2016 年 5 月 2 日，经国务院办公厅国办发〔2016〕33 号批准，原桐柏高乐山省级自然保护区晋升为河南高乐山国家级自然保护区，属于森林生态系统类型自然保护区，管理机构为河南高乐山国家级自然保护区管理局。主要保护对象是暖温带南缘、桐柏山北支的典型原生植被，林麝、榉树等珍稀濒危野生动植物及其栖息地和淮河源头区的水源涵养林。

保护区管理局在划定的保护区范围内进行管理巡护，并设置保护区界碑标志，其边界具有合法性，边界清楚，无林权地权纠纷。保护区林地权属是国有土地，有国有林权证书，边界清楚，保护区范围具有明确的法律地位。

二、机构编制与管理体系

2017 年 12 月 7 日，根据《中共河南省委 河南省人民政府关于印发〈国有林场改革实施方案〉的通知》（豫发〔2016〕15 号）及《河南省机构编制委员会办公室关于印发〈全省国有林场改革有关机构编制的指导意见〉的通知》（豫编办〔2017〕162 号）精神，桐柏县编制委员会印发《关于印发国有桐柏毛集林场（河南高乐山国家级自然保护区管理局）主要职责内设机构和人员编制规定的通知》（桐编〔2017〕46 号）：原桐柏县毛集林场更名为国有桐柏毛集林场，与河南高乐山国家级自然保护区管理局，一个机构两块牌子，正科级公益一类事业单位，编制74 人。

为加强保护区建设工程的组织协调和管理，切实落实各项工程建设，保证项目资金的合理使用，保护区已建立相应的组织机构，加强领导，明确责任，各负其责。

按照保护区组织机构设置原则和保护区管理的实际要求，管理局下设综合办公室、科技业务股、资源保护股、生产经营股、规划财务股、国家级陆生野生动物疫源疫病监测站等职能股、站、室，实行三级管理，集中巡护管理体系。保护区成立前实行的是"林场—林区"两级管理体制，全场分为 7 个林区，安排 20 名护林员。国家级自然保护区建立后，随着工作重心的转移，保护任务加重，根据保护区管理要求，保护区设建吴山、黄庄、南小河、回龙、杨集、榨楼 6 个保护站，管理局形成了新的"管理局—保护站（林区）—保护点"三级管理体制，管护人员总数增加到 45 人。

三、加强保护区日常管理

为强化护林队伍建设，管理局制定了具体管理措施。一是与保护站签订管护目标责任书。保护站实行站长负责制，各护林人员分片包干，各负其责。二是强化制度化管理。管理局根据不同岗位，制定《保护站站长职责》《护林员职责》《森林防火管理制度》等规章制度，凡事有章可循、有制可查。三是加强日常巡护管理。为及时掌握林情动态，成立督察组，坚持每日巡查，严格考勤，公平公正，奖罚分明。四是注重森林防火。成立防火领导小组和森林消防队，建立专门的消防物资储备库，积极推进和完善森林防火措施，提高人员整体素质，确保扑火队伍规范化和管理制度化。五是成立疫源疫病监测站。在保护站、林区设立疫源疫病监测点，形成了一个以局站为中心辐射各观测点的检测预报体系。六是依法保护资源。积极与上级汇报沟通，争取政策和执法部门的支持，认真开展"绿盾"专项治理活动。严格按照"执法行为规范化，执法程序公开化，恢复治理科学化"要求，加强与执法部门的密切合作，协同打造资源保护"屏障"，多措并举、打防结合，依法依规维护高乐山自然护保护区的合法权益。

四、编制完善总体规划

为正确引导保护区建设管理工作，2013 年 12 月，由国家林业局调查规划设计院牵头勘察设计，于 2014 年 9 月完成了《河南高乐山国家级自然保护区总体规划（2014—2023）》编制任务，同年 12 月，该规划通过了国务院国家级自然保护区评审委员会的评审论证。2017 年，根据国家级自然保护区管理的相关规定，结合高乐山自然保护区发展需要，在原来规划的基础上修订编制了《河南高乐山国家级自然保护区总体规划（2017—2026 年）》，2021 年，国家林业局批准了保护区第一期设计规划，为保护区建设提供了理论依据及建设方向，为保护区未来创新发展绘出了宏伟蓝图。

2017 年，国家林业局调查规划设计院专家与高乐山自然保护区领导共同研讨（2017—2026 年）保护区发展总体规划。

五、强化人才队伍建设

高乐山自然保护区建立以来，保护区管理局积极贯彻执行党的路线、方针、政策和习近平总书记关于自然保护区的重要批示精神，牢固树立"四个意识"，正确处理好发展与保护的关系，筑牢生态防线，守住生态红线。在桐柏县委、县政府的正确领导下，始终坚持以保护生态环境、弘扬生态文化、推进生态建设为己任，以抓班子为根本，以抓学习为措施，以抓机制为保证，在不断深化制度创新、加强资源保护力度的基础上，创新举措，不断完善森林资源保护基础设施和管理机构以及管护队伍建设。强化职工队伍至上理念，增强政治意识、大局意识、责任意识、服务意识、创新意识和发展意识，促使全体干部职工的思想观念有了新的转变，提升了职工队伍的向心力、凝聚力、战斗力、学习力、创造力和执行力。

为使干部职工队伍建设取得长期成效，实行责任追究制度，严格规范领导干部的责任，进一步建立健全高效、廉洁、勤政的干部工作机制。坚持用制度管人、用制度管事，把握正确的用人导向，制定完善的管理制度，促进队伍建设的规范化、科学化、制度化，为自然保护区又好又快发展提供坚实的组织和人才保障。

六、精神文明建设

精神文明建设是高乐山自然保护区事业发展的强大推动力，保护区管理局领导历来重视精神文明建设工作的重要性，把精神文明建设贯穿保护区生态建设全过程，努力建设文明和谐自然保护区。在全局干部职工的共同努力下，2021 年 5 月，成功创建县级文明单位，2022 年 6 月 23 日，河南高乐山国家级自然保护区管理局（国有桐柏毛集林场）再度被评为 2021 年度南阳市文明单位。

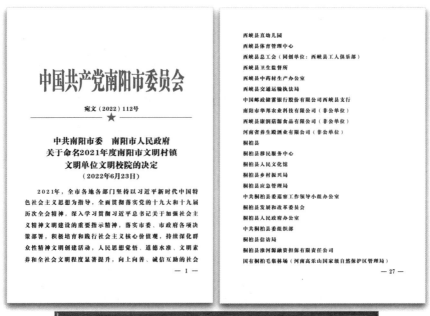

2016年以来，保护区管理局以习近平新时代中国特色社会主义思想为统领，深入学习贯彻党的十九大会议及习近平同志重要讲话精神，紧紧围绕生态文明建设总体要求，以纪念建党100周年为契机，以"创先争优"活动为切入点，用社会主义核心价值体系教育全体职工、弘扬正气、培育职工良好道德风尚，凝聚发展力量，激励全体干部职工继续解放思想、与时俱进、向上向善、勤奋学习、扎实工作，在全局形成知荣辱、讲正气、促和谐、谋发展的良好风尚，为加快推进保护区各项事业又好又快发展提供坚实的精神动力和智力支持。

组织党员到叶家大庄三军会师地学习党章知识

组织党员到桐柏革命纪念馆接受革命传统教育

（一）倡导友爱互助，彰显大爱仁心，弘扬民族精神

当"团结就是力量"的旋律响起时，我们被中华民族精诚团结、创造辉煌的历史深深震撼，备受鼓舞。苍天有情，人间有爱，团结创造奇迹，关爱凝聚团结。懂得关爱他人，陌生的世界也不再冷漠。今天，随着时代前进的步伐，团结协作精神也成为各行各业事业成败的决定因素。古人云："孤树结成林不怕风吹，滴水积成海不怕日晒"。创造辉煌，创造奇迹，离不开团结协作，我们每位同志，在平时的工作生活中就应该懂得团结协作，并养成关爱他人的品行，继承发扬中华民族的优秀传统，保持民族气节，积德行善，友爱互助。

到毛集镇毛寨村小学开展关爱未成年人活动

到毛集镇敬老院送温暖

（二）倡导敬业奉献，树立先进榜样，弘扬行业精神

"创先争优"活动开展以来，保护区管理局立足建设社会主义核心价值体系，开展道德模范先进典型学习宣传活动，用先进典型的事迹教育和感召广大干部职工，加强社会公德、职业道德修养，极力弘扬爱岗敬业、诚实守信，淡泊名利、无私奉献的行业精神，全局涌现出多个以争做林业生态建设脊梁、争塑林业生态文明形象的先进典型。

河南高乐山国家级自然保护区管理局志愿者开展无偿献血活动

（三）倡导团结和谐，强调协作联动，凝聚职工精神

为陶冶广大干部职工道德情操，塑造美好心灵，提升思想境界，促进身心健康，继续发扬革命传统，热爱祖国、热爱本职，艰苦奋斗，团结友善，勇往直前，始终保持昂扬向上的精神状态，保护区管理局结合单位实际，开展形式多样、主题突出、寓教于乐的群众性文化体育活动。

（四）营造精神文明建设的良好氛围，保持文明单位荣誉

一是结合文明单位创建活动，增强服务意识，改进服务作风，加强教育培训，提升服务能力，依法依规办事，提高服务效能，搭建活动平台，丰富活动内容，

二人三足比赛（男子组）

二人三足比赛（女子组）

充分发挥党员的先锋模范作用，开展了一系列立足本职、为民服务的创先争优活动。二是以单位建设推进精神文明建设，林区地处偏远落后乡村，条件艰苦、信息不畅等不利因素极大地制约了单位的整体发展，为改变单位面貌，改善职工的工作、生活条件，保护区管理局积极落实管理站建设事宜，计划用两年时间将6处保护区管理站全部建设完成，目前1处已经建设完成。此项工作的推进，有力地振奋了职工的精气神，激发了广大职工努力工作的热情。三是在局机关制作廉政文化建设和文明上网标牌等，鼓励教育干部职工积极学习，修身养德。四是建立健全卫生清洁及常态化机制，对机关院落维修改建，拓展文体娱乐场地，落实局、站办公、生活区域卫生划片管理，责任到人，激发大家以身作则，自觉维护公共卫生。在全局上下的共同努力下，创建了井然有序、洁净卫生的办公、生活环境，向外展示了南阳市级文明示范单位的良好形象。

保护区管护公约标牌

干净整洁的林区进山主干道

第五章 精心组织 科学考察谱新篇

生物资源本底调查与生态环境监测，是掌握保护区自然资源、自然环境、生物多样性状况和长期动态变化趋势的重要手段，是科学合理制订保护计划和管护措施的必要途径。为加快推动建立高乐山自然保护区生态系统、植被和珍稀濒危物种分布数据库，以及无人机遥感监测、红外相机监测、人工监测相结合的一体化监测体系，保护区管理局组织专家技术团队编制了本底调查与环境监测工作方案，该方案明确了野生动物、植物、水文水质、气象、土壤、外来物种、人类活动干扰等多项监测内容、方法和区域，对掌握自然保护区生物多样性、种群分布及其数量变化和环境因子变化有着重要意义。

为进一步准确掌握高乐山自然保护区生物多样性、种群分布及环境因子等要素的动态变化状况，2021 年 3 月，保护区管理局委托南阳师范学院作为技术支撑，与河南汇林植物科技咨询中心、南阳市嘉森农林工程设计有限公司、生态环境部南京环境科学研究所、河南昆翔检测技术服务有限公司等单位密切合作，全面开展了植物多样性本底调查、陆生野生动物资源调查、土地利用遥感监测和环境空气质量评估等工作。科学布局监测样区、样线、样地，开展野生植物调查；通过布设红外相机和样线调查拍摄监测野生动物；利用卫星遥感、无人机遥感结合地面监测，对保护区土地利用类型和覆被变化进行监测评估；利用先进的仪器设备，合理布点，严格时段，对空气质量进行监测，获得了大量原始数据。2021 年 12 月，科学考察工作圆满结束，完成了《河南高乐山国家级自然保护区植物多样性本底调查成果报告》《河南高乐山国家级自然保护区陆生野生动物资源调查报告》《河南高乐山国家级自然保护区土地利用遥感技术服务报告》《河南高乐山国家级自然保护区环境空气质量评估报告》。

为扎实做好保护区内生物多样性监测工作，进一步完善环境、气象、动植物监测网，保护区管理局不断创新管理模式，强力推进野生动植物保护监测工作创新发展，为保护区稳定、健康、高质量发展提供了科学的基本依据。

一是抓好业务培训。结合工作要求，组织全体管护员，围绕野外红外相机安装技术、注意事项、数据取样及监测App的使用等开展业务知识培训，着力提高管护人员的业务能力水平。目前，共举办培训会2期，参加省内外检测中心组织的培训班3次，参加培训人员20余人次。

二是合理配置监测设备。2020年以来，为扎实做好疫源疫病监测工作，保护区管理局广泛应用自动化监测新技术新设备。先后购置了红外望远镜1个、无人机3部、红外照相机40部、高清望远镜2个、计算机2台、打印机2台，为生态保护信息化、智能化建设插上了科技的翅膀。同时，组建野生动物红外相机野外安装小组，综合辖区野生动物分布情况、公里网格地图及辖区护林员建议，合理规划野生动物保护监测红外相机安装线路，科学布局红外相机安装点。目前，在保护区安装红外相机40余台。通过监测发现，经过多年的管护、生态修复与恢复，人类活动对保护区生态系统的负面影响有效降低，野生动物栖息地环境得到有效保护和改善，多数野生动物种群数量明显增多，分布区域不断扩大，白冠长尾雉

大疆M300式无人摄像机

安装红外照相机

及其他重点保护鸟类的出现频率也增多。大叶榉等多种珍稀濒危物种得到有效保护，杜仲、大果榉等优良乡土树种更新复壮情况明显。自然保护区的生物多样性、生态环境和生态系统逐步进入良性循环状态。

三是抓好取样回收。定期做好红外相机的巡护及取样回收工作，在日常巡护、取样时发现问题及时反馈，发现野生动物聚集地或明显活动痕迹时，根据实际情况适时调整红外相机的安装点位，切实为保护区野生动物种群数量衍生发展和有效资源保护提供坚实数据支撑。

四是积极配合4家科研机构搞好科学调查。为搞好本次调查和监测，管理局抽调精干专业技术人员20多人，培训人员50多人次，跋山涉水，行程1 000多千米，外调内查，分工协作，全力配合，为顺利完成高质量调查做出了积极努力。

五是建立信息档案。随时做好野生动植物资源种群、数量和健康状况的监测与记录，认真做好信息和档案资料的收集与整理，加强对珍贵树木的保护，分类登记、建档，落实信息上报等各项核心工作，确保信息传输通畅。完善信息管理的软、硬件先进设备，建立起信息分析评价的及时性、准确性、可靠性强的监测信息系统。

第一节 野生动物调查

2021 年 3 月 10 日，南阳市野生动植物保护站站长王庆合等来到高乐山自然保护区，为河南大学生命科学院野外实习基地和南阳市野生动植物科研监测站挂牌。与此同时，纵向联合与保护区管理局合作组织开展了陆生野生动物资源综合考察。按照野生动物监测网格化管理要求，同时在吴山、回龙、榨楼、杨集、南小河等保护站部署红外照相机，主要目的是摸清保护区内野生动物资源的底数、多样性特点、栖息地健康状况、多年变化规律等，形成评价保护区生态系统保护成效的重要指标和内容，对于开展区域野生动物资源的保护、维护生态平衡、满足经济社会发展需求等具有重要意义。

为强力推进高乐山自然保护区科研进程，提升保护区科研监测能力，准确摸清动物资源分布和物种多样性特征，保护区管理局组织实施了高乐山保护区野生动物红外相机监测、区内监测点观察等监测系统，对保护区内的野生动物实施全天候监测。该项目启动一年来，已经拍摄到了以兽类和鸟类为主的大量珍贵的野生动物影像素材，也实现了技术创新和突破，进一步彰显了高乐山自然保护区的生态价值。截至 2021 年 12 月，在过去的一年时间里，据初步调查鉴定，样线法记录野生动物 185 种，红外拍摄获得白冠长尾雉、野猪等有效照片，无人机监测到了多种国家级和省级保护动物，有中华秋沙鸭、画眉、红嘴相思鸟等国家二级保护动物，野猪、雉鸡等国家三级保护动物。该项目团队同时对数据资料进行科学分析，以更好地掌握保护区内野生动物的种群数量、分布范围、生活习性和活动规律，从而更精准地做好野生动物保育和生物多样性保护工作。同时，针对保护区核心区地形复杂、网络信号难以覆盖的特点，还开展了人工监测项目，收集当地特有动物及其他珍稀濒危动物实体或足迹、粪便、挂爪各种痕迹的信息，以此判断各种野生动物分布、数量、栖息地状况的变化，分析其种群变动及影响因素，力求精准摸清高乐山自然保护区野生动物资源的迁徙规律和分布规律，为动物生存环境提供安全保障。通过开展大规模监测调查，对摸清高乐山国家级自然保护区野生动物种群数量、生活习性及生态环境状况，为进一步管护好保护区内野生动物资源提供了科学依据，同时，完成了科学考察报告。

一、**基本情况**

河南高乐山国家级自然保护区以暖温带南缘、桐柏山北支的典型原生植被，白冠长尾雉、林麝、槠树等珍稀濒危野生动植物及其栖息地及淮河源头区的水源涵养林为主要保护对象，是森林生态系统类型的自然保护区。保护区属中低山丘陵区，群山峻起，峰峦叠嶂，沟壑纵横，溪流密布，谷地、丘陵介于山水之间，是综合性的山川地貌，形成了类型多样的生境类型，包括林地、湿地、农田等。

河南高乐山国家级自然保护区是秦岭–伏牛山和桐柏–大别山生物基因交流

的通道和桥梁，南阳盆地和黄淮海平原的天然屏障，北亚热带和南暖温带的过渡区，区位价值极为重要，生态景观多样，野生动植物资源丰富。历史资料记载，保护区内分布有国家重点保护野生动物 53 种，其中国家一级重点保护野生动物 5 种，分别是林麝、东方白鹳、白鹤、中华秋沙鸭和金雕；国家二级重点保护野生动物 48 种，包括兽类 6 种，鸟类 40 种和两栖类 2 种。保护区分布有国家重点保护及其他珍稀濒危野生植物 16 种，其中国家二级重点保护野生植物 8 种；是生物多样性的聚集区也是物种的基因库。

二、调查时间、频次、对象及内容

保护区管理局邀约具有林业调查丙级资质的南阳市野生动植物保护站，组成野生动物调查工作队，于 2021 年 3 月至 2021 年 12 月开展了保护区的夏季调查和秋季调查，在 2021 年 6 月、2021 年 9 月、2021 年 11 月分别沿设定的样线调查一遍，其他月份根据需要随时调查。调查对象包括河南高乐山国家级自然保护区范围内的陆生野生动物资源，包括兽类、鸟类、爬行类、两栖类。主要调查内容：①动物资源分布现状；②动物资源栖息地现状；③动物资源种群数量及变动趋势；④动物资源及其生境受威胁因素。

三、调查方法

调查方法主要以样线法为主，样线长度为 3 ~ 5 km，宽度为 50 m，行进速度步行为 2 ~ 3 km/h；各生物类群的样线布设和调查时间根据不同生物类群的特点进行调整。在调查区域内以理论样线为基准，在实际行走路线上布设样方或样点。记录发现的动物名称、动物数量、痕迹及距离中线的距离、地理位置、生境状况等信息。在样线调查的同时进行访问调查。以"非诱导"的方式，分别对护林员、调查区域的民众进行访问，而后根据野外调查经验及相关资料描述来核实访问到的物种。

样地布设及完成情况：根据保护区地形、生境条件及野生动物的习性，在保护区 3 个林区共设置了 21 条样线。在集中调查的 3 个月份分别沿样线调查一遍，共实际踏查 63 条样线。采用的调查方法如下。

（一）分布的调查方法

1. 野外调查

实证调查，通过种群数量与密度调查方法，确定调查区域内该物种的存在。野外调查时发现某调查对象实体或活动痕迹的，认定该物种在该调查样区有分布。在样区内，依照海拔、栖息地类型变化及可行性布设样地，每个林区布设 6 条样线，样线长度 3 ~ 5 km。考虑到野生动物的栖息地类型、活动范围、生态习性，对兽类和鸟类设置同一样线。爬行类和两栖类单独设置样线和样方。样线、样点和样方宽度、半径及大小依据不同动物类型分别设置。

野外动物摄像调查

2. 访问调查

通过走访、资料收集等方法调查物种分布地。通过访问调查和资料查询，表明近 5 年内在该调查样区内曾发现某调查对象的，可认为该物种在该区有分布。

（二）栖息地调查方法

根据文献资料、野生动植物的栖息地记录，确定野生动物栖息地类型，根据森林资源二类调查数据、遥感数据等有关资料，用 GIS 确定各种类型栖息地面积，各类型栖息地面积之和即为该种动物在调查样区内的栖息地面积。

野外调查发现野生动物实体或动物痕迹时，记录其实体或痕迹所在的栖息地类型。

结合野生种群数量调查进行栖息地调查。野外调查发现野生动物实体或者动物痕迹时，应记录其所在的地貌、坡度、坡位、坡向、植被类型等栖息地因子及干扰状况和保护状况。

（三）受威胁状况调查方法

进行种群及生境调查时，记录各调查样区野生动物及其生境受到的主要威胁、受干扰状况及程度。

根据调查情况，结合资料查阅、访问调查，对调查区域野生动物及生境受到的主要威胁、受干扰状况进行评估。威胁及干扰程度分为强、中、弱。

（四）野生动物种群及数量调查方法

1. 兽类

样线设置与调查方法：在抽取的调查样区中按 3% 抽样强度设计调查样线，样线规格 5 km × 50 m，样线单侧宽 25 m。样线上行进的速度根据调查工具确定，步行宜为 1 ~ 2 km/h。不宜使用摩托车等噪声较大的交通工具进行调查。发现动物实体或其痕迹时，记录动物名称、数量、痕迹种类、痕迹数量及距离样线中线的垂直距离、地理位置、影像等信息。同时记录样线调查的行进航迹。

红外自动数码照相机设置方法：在条件允许的情况下，在调查样区内选择保护条件较好的区域、具有不同代表性的生境内布设红外相机监测。在野生动物出没比较多的地方，布设一定数量红外相机，同时，尽可能利用调查样区内保护区已经布设的红外相机，拍摄野生动物的活动情况。

选择不同坡度、坡向、坡位和植被类型，将相机牢固固定在距离地面 0.3 ~ 0.8 m 的树干等物体上，镜头与地面平行，避免阳光直射镜头。红外相机布设密度不少于 1 台 /1 000 hm²，每台相机连续工作时不少于 600 h。相机位点选择在山脊、林间空地、林间小道、水源地、谷线。清除布设地的杂草并集中堆放，为动物提供适宜的活动场所和栖息环境。

2. 鸟类

鸟类调查分繁殖期和越冬期分别进行鸟类数量调查；繁殖期和越冬期调查都在大多数种类的种群数量相对稳定的时期内进行；一般繁殖期为每年的3月至7月，越冬期为11月至翌年2月。调查在晴朗、风力不大（3级以下风力）的天气条件下进行；选择清晨或傍晚鸟类活动高峰期进行。

调查以样线法为主。对小型鸟类或无法布设样线的区域，应使用样点法进行调查；对集群繁殖或栖息的鸟类，使用直接计数法进行调查。

样线设置方法：与兽类调查样线设置方法相同。

样点设置方法：雀形目鸟类调查宜使用样点法。根据《全国二调技术规程》要求，在抽取的调查样区中按1%抽样强度设计调查样点，样点半径25 m。本次调查依据调查区域的地形地势，在事先设定的样线上随机设置调查样点。样点间隔宜在200 m以上。

直接计数法：首先通过访问调查、历史资料等确定鸟类集群时间、地点、范围等信息，并在地图上标出。在鸟类集群时进行调查，计数鸟类数量。记录集群地的位置、鸟类的种类、数量、影像等信息

在调查时与当地护林员、管理站工作人员和当地人民群众进行访谈，以获得更加准确翔实的鸟类数量变化情况和信息。

分类以《中国鸟类分类与分布名录》（第3版）为准，计算鸟类频率指数（RB值）。

3. 爬行类

爬行类调查季节应为出蛰后的1～5个月内。以样线法为主，在可视性较差的区域可使用样方法。

样线设置方法：与兽类调查样线设置方法相同。样线应该尽可能覆盖调查样区内的海拔及山体走势，从低海拔至高海拔，并充分利用调查样区内的林间小道。在爬行动物栖息地随机布设样线，调查人员在样线上行进，发现动物时，记录动物名称、数量、距离样线中线的垂直距离、地理位置、影像等信息。

样方设置法：在抽取的调查样区中按3%抽样强度设计调查样方，样方规格

为 50 m×100 m。在调查区域内以预设样线为基准，在爬行动物栖息地随机布设调查样方。样方应尽可能横截山体走向，并覆盖山体中上部。

4. 两栖类

两栖类调查季节应为出蛰后的 1～5 个月内，调查时间为晚上（日落 0.5 h 至日落后 4 h）。

调查采用样线法或样方法，按 3% 的抽样强度设计调查样线、样方，并绘成样线、样方分布图。溪流型两栖动物调查宜采用样线法。

样线设置方法：沿溪流随机布设 300 m×10 m 的样线。

样方设置法：在栖息地上随机布设 8 m×8 m 的样方，每个调查样区设置的调查样方不少于 30 个。

（五）数据统计方法

1. 分布面积的分析与统计方法

如果某种动物在本地理单元各层均有分布，则统计本地理单元面积即为动物的分布面积。如果某种动物在地理单元内仅分布于特定的栖息地，则统计该栖息地面积为该物种的分布面积。

2. 栖息地面积的分析与统计方法

根据文献资料、野生动物的栖息地记录，确定野生动物的栖息地类型，根据森林资源二类调查数据、遥感数据等有关资料，用 GIS 确定各种类型栖息地的面积。各类型栖息地面积之和即为该种动物在本地理单元内的栖息地面积。

3. 野生种群密度及数量计算

根据样区调查结果，应用统计学原理，计算出样区内调查物种密度，密度与生境面积乘积为样区内该种生物数量。宜以有关软件计算该种生物数量及密度。

四、主要成果

本次调查，样线法记录野生动物 185 种，结合访问调查、资料查询，共记录野生动物 318 种，隶属 29 目 84 科。其中国家重点保护野生动物 60 种，河南省重点保护物种 17 种，世界自然保护联盟受威胁物种 14 种。

其中两栖动物 8 种，隶属 2 目 5 科。国家重点保护野生动物 2 种，河南省重点保护物种 1 种，世界自然保护联盟受威胁物种 1 种。

爬行动物 22 种，隶属 2 目 7 科。国家重点保护野生动物 2 种，世界自然保护联盟受威胁物种 5 种。

记录到鸟类 264 种，隶属 19 目 58 科，国家重点保护物种 53 种，国家一级重点保护鸟类 5 种，国家二级重点保护鸟类 48 种；河南省重点保护鸟类 13 种；世界自然保护联盟受威胁物种 7 种。

记录哺乳动物 24 种，隶属 6 目 14 科。国家重点保护野生动物 3 种，河南省重点保护物种 3 种，世界自然保护联盟受威胁物种 1 种。

五、结果分析与评价

（一）种类组成及分析

1. 两栖动物种类组成及分析

两栖动物 8 种，隶属 2 目 5 科。有尾目仅大鲵 1 种；无尾目蟾蜍科 1 种，蛙科 3 种，叉舌蛙科 2 种，姬蛙科 1 种。其中大鲵、虎纹蛙为国家二级重点保护野生动物。黑斑侧褶蛙为河南省重点保护物种。大鲵受威胁等级为极危。

2. 爬行动物种类组成及分析

爬行动物为 22 种，隶属 2 目 7 科。龟鳖目 2 科 3 种，有鳞目壁虎科 1 种，蜥蜴科 2 种，石龙子科 2 种，蝰科 1 种，游蛇科 13 种。其中乌龟、黄缘闭壳龟为国家二级重点保护野生动物，无蹼壁虎、北草蜥为中国特有种。乌龟、黄缘闭壳龟受威胁等级为濒危，中华鳖、无蹼壁虎、黑眉锦蛇受威胁等级为易危。优势种有王锦蛇、黄脊游蛇、乌梢蛇等。

区系分析表明，古北种 2 种，东洋种 11 种，广布种 9 种，分别占物种总数的 9.09%、50.00% 和 40.91%。以东洋界区系成分占优势，整体体现出南北过渡带特点，与调查区域即桐柏山地处于秦岭—淮河一线以南的东洋界华中区和以北的古北界华北区的过渡地带的动物地理区划的实际情况相符。

3. 鸟类种类组成及分析

鸟类264种，隶属19目58科。其中，雀形目鸟类有137种，占本区的鸟类种数的51.89%。典型水鸟64种，占本区的鸟类种数的24.24%。林鸟种类所占比重较大。水鸟种类相对少。区系分析显示，广布种鸟类72种，古北界鸟类102种，东洋界鸟类90种，各占总数的27.27%、38.64%和34.09%。整体体现出南北过渡性、混杂性的特点。居留型分析可见，留鸟94种，占总数的35.61%，旅鸟62种，占总数的23.48%，夏候鸟58种，占总数的21.97%，冬候鸟50种，占总数的18.94%。留鸟所占比重较大。鸟种数较多的科有鸦科、鹭科、鹟科、鹰科、杜鹃科、鸫科等。保护区内的优势鸟种有八哥、丝光椋鸟、黑卷尾、发冠卷尾、红头长尾山区、银喉长尾山雀、大山雀、棕头鸦雀、红嘴蓝鹊、松鸦、大嘴乌鸦、白颈鸦、画眉、黑脸噪鹛、小鸦、黄喉鹀、领雀嘴鹎。

其中国家一级重点保护鸟类5种，二级重点保护鸟类48种，省重点保护鸟类13种。列入《世界自然保护联盟》（IUCN）红色名录的受威胁种7种，黄胸鹀、白鹤为极危种，东方白鹳为濒危种，白冠长尾雉、田鹀、白颈鸦、鸿雁受威胁等级均为易危。近年来在南阳市范围内，白冠长尾雉和蓝喉蜂虎仅在桐柏县有发现，其中高乐山自然保护区是重要栖息地，应加强保护。

4. 兽类种类组成及分析

记录哺乳动物24种，隶属6目14科。其中赤狐、貉、豹猫为国家二级重点保护野生动物，小麂、复齿鼯鼠、豪猪为省重点保护物种，岩松鼠为中国特有种。猪獾受威胁等级为易危。优势种为岩松鼠、野猪。

（二）分布状况及分析

两栖类主要栖息地为水域和水田等；爬行类主要栖息地为林地、草地等；鸟类全域均有分布，水鸟特别是鹭科鸟类稻田里分布较多，林鸟则以村庄附近的浅林区分布较多。兽类主要分布在深林区。根据调查统计，回龙五道沟、哑吧沟、西大岭沟、顾老庄、榨楼、杨集、黄楝岗样线鸟类的种类和数量相对较多。

（三）栖息地现状及分析

保护区设立的时间较晚，保护区内主要为次生林，缺乏原始林类型的生境。栖息地整体质量较好。重要的原因是农业人口大量外出务工，人为活动相对减少，人为破坏栖息地的现象极少发生，野生动物生态位得到相对保障。保护区内分布一定量的农田、水田，增加了保护区内的生境多样性，在一定程度上有利于维护生物多样性。

（四）受威胁状况及分析

1. 种群受威胁状况

受经济利益驱使或维护农业经济利益，调查过程中偶见少数猎捕、收购野生动物的现象。譬如猎捕野猪食用、猎捕画眉作为观赏鸟养殖，有收购王锦蛇用于食用药用等。

2. 栖息地受威胁状况

保护区内存在相当数量的村庄和人口，人为生产活动对栖息地有一定的影响。旅游开发、道路兴建、取石采砂等会导致少部分区域野生动物栖息地丧失或破碎化。

（五）社会影响及分析

1. 社区公众对野生动物的利用及影响

随着保护管理力度的加强，公众对野生动物资源保护的重要性和破坏损害野生动物资源存在的违法成本认识越来越深刻，对野生动物保护意识也在不断提高。偶见少数猎捕、收购野生动物的现象，对野生动物资源量的影响不显著。

2. 动物对社会公众的影响

存在一定的野生动物危害公众尤其是农民利益的现象。最为突出的是野猪毁损庄稼，分布区内公众反映强烈；其次，部分区域鸟类对农作物尤其是瓜果类的啄食对种植户经济收入有不良影响；岩松鼠进到农户偷食、猛禽捕猎养殖的鸡鸭等亦偶有发生，但影响不大。

六、问题与建议

（一）问题

(1) 保护区内还存在破坏野生资源的现象。在野外调查的过程中，发现有村民猎捕或食用野生动物的痕迹，如野猪的骨头、狗獾的尸体、白冠长尾雉的尾羽等。也有盗挖野生植物的现象。

(2) 保护区日常监测工作有待加强。保护区缺乏监测设备和监测人员，对于野生动植物资源情况，除护林员的记忆描述外，没有形成系统规范的文字记录和影像资料，不能为保护区的发展积累基础资料。

（二）建议

(1) 加大宣传保护力度。加强野生动植物保护法律法规的宣传，特别是对林区内的村庄住户的宣传。引导群众认识保护工作的重要性和破坏野生动植物资源的严重性，自觉摒弃陋习，参与保护野生动植物资源。同时，加大野外巡护力度，健全保护区的电子监测系统，积极与公安机关合作，严厉打击破坏野生动植物资源的行为，保护好野生动植物资源。

(2) 完善设施设备、加强技术培训，做好监测工作。给护林员、巡护员配备望远镜、相机等监测设备；开展业务培训，提高检测员的监测水平；建立监测制度，规范管理监测资料；做好监测工作，为保护区的发展奠定基础。特别是隐蔽性较强的兽类，短时间的野外踏查无法查清资源情况，需借助红外相机等设备长期监测，才能获得较详细的兽类活动资料。

(3) 探索保护区和社区共建共管、共享共赢机制，化解保护与发展的矛盾。积极探索"绿水青山就是金山银山"的实现途径，走生态产业化、产业生态化道路，推动辖区村发展"生态观鸟、森林康养、特色养殖"等生态产业，广泛吸纳社区群众参与到巡山护林、道路维护等生态保护事业。建立并实施林地生态补偿、农业自然灾害和兽灾商业保险机制，维护辖区居民利益，让居民成为生态环境的保护者、建设者、受益者，从而推动保护区实现高水平保护、高质量发展。

目前，野生动物保护与监测工作取得明显成效，保护区内原住村民的生态保护理念显著提升，能自觉遵守保护区有关的法律法规。在红外相机的监测中，主要布设在缓冲区和核心区的十余台设备暂未记录到违法违规活动，未发现偷猎野生动物、偷采野生植物的现象，资源保护工作逐步进入良性循环轨道。

第二节 野生植物调查

河南高乐山国家级自然保护区自然条件复杂多样，蕴藏着丰富的野生植物资源种类，为进一步了解高乐山自然保护区植物资源种类及分布，2021 年 3 月至 2021 年 12 月，组织考察组对保护区植物进行了为期近一年的本底调查，成员们克服了常人难以想象的艰辛，对不同海拔的生物多样性情况进行了认真记录和拍摄，

完成了不同海拔梯度生物多样性的植物种群调查任务，考察结果已编为《河南高乐山国家级自然保护区植物多样性本底调查成果简编》。

主要内容摘编如下：

河南高乐山国家级自然保护区（以下简称为高乐山自然保护区）位于河南省南阳市桐柏县东北部，是在国有桐柏毛集林场的范围内建立的。2004年2月26日，河南省人民政府豫政文〔2004〕33号批复同意建立桐柏高乐山省级自然保护区，2016年5月2日，国务院办公厅国办发〔2016〕33号文件批准桐柏高乐山省级自然保护区晋升为河南高乐山国家级自然保护区。属于森林生态系统类型自然保护区。土地权属为毛集林场国有林地，主要保护对象是暖温带南缘、桐柏山北支的典型原生植被，白冠长尾雉、林麝、大叶榉树等珍稀濒危野生动植物及其栖息地和淮河源头区的水源涵养林。管理机构为河南高乐山国家级自然保护区管理局（简称保护区管理局），正科级规格，与毛集林场合署办公。

2021年7月3日，南阳市林业植物专家刘家才教授（左一）、保护区管理局局长付明常（左二）、副局长郑国辉（右一）、保护股股长全云东（右二），在保护区考查植物种类及分布状况

一、地理位置、范围

（一）位置区域

高乐山自然保护区位于桐柏县东北部，保护区管理局办公住址在桐柏县毛集镇，距桐柏县城 36 km。保护区东部与信阳市平桥区相依，北部与驻马店市确山县毗邻，西与驻马店市泌阳县接壤，南与湖北省随州市隔河相望。地理坐标为北纬 32° 34′ 01″ 至 32° 42′ 56″，东经 113° 35′ 22″ 至 113° 48′ 29″。

（二）辖区范围

保护区涉及回龙、黄岗、毛集三乡镇，总面积 10 612 hm²，其中：核心区面积 3 663.5 hm²，占保护区总面积的 34.5%；缓冲区面积 3 093.5 hm²，占保护区总面积的 29.2%；实验区面积 3 855 hm²，占保护区总面积的 36.3%。

二、自然环境

（一）地形地貌

高乐山自然保护区属桐柏山余脉，受断裂构造影响，区内群山起伏，高峻陡峭，沟壑纵横，溪流密布，总的山脉走向是西北—东南方向，总的地势为北部高、东南部低。第一高峰——祖师顶，位于南阳、信阳、驻马店三市交界处，海拔 812.5 m；第二高峰——高乐山，位于保护区西南部，与泌阳县接壤，海拔 757.5 m。相对高差大，海拔在 140 ~ 813 m。其中，海拔在 700 m 以上的中山面积占该部分总面积的 2%，海拔 300 m 以上的低山面积占该部分总面积的 44.6%；53.4% 的面积为海拔 300 m 以下的丘陵、山间谷地，相对平缓。地貌以山地为主体形态。区内大部分属中低山丘陵区，呈掌状分布，山势起伏和缓，山体受流水侵蚀作用影响，呈孤岛状散布于谷地、丘陵中。坡度多在 30° ~ 50°，小部分面积分布在低山区，坡度 10° ~ 15°，是综合性的山川地貌。主要山峰有祖师顶、高乐山、歪头山、双峰山、花棚山、猪屎大顶、牛屎大顶、齐亩顶等。

（二）地质土壤

高乐山自然保护区大地构造位于秦岭带的东端、桐柏－大别地质构造带，各种构造以强烈的紧密褶皱和走向断裂为特征。地层主要包括下元古界、中元古界、下古生界和新生界。岩石以花岗岩、石英岩为主。

土壤母岩是由片麻岩、砂岩、页岩、云母片岩、千纹岩、板页岩等风化母质和分布大面积的第四纪黄土母质，并经过长期人为活动及自然演变熟化而形成，致使土壤组成存在着很大差异，形成的土壤类型也各不相同，主要分为黄棕壤和黄褐土两大土类。另外，还分布有石质土、粗骨土、水稻土等。黄棕壤主要分布在海拔 500 m 以上的深山区，土层厚度在 30～50 cm，pH 值为 5.0～6.0；黄褐土分布在 100～300 m 的浅山区，土层厚度 20～40 cm，pH 值为 5.5～6.5；石质土上分布着草本和灌丛，粗骨土上分布有耐瘠薄的马尾松等各种森林树种；水稻土分布在保护区低洼处，多为农田。

（三）水文

高乐山自然保护区东、西、北三面群山环峙，沟谷密布，切割强烈。茂密的森林植被和丰富的降水，自然形成众多的溪流沟河，像扇面一样展开，顺势而下，分别进入淮河水系中的两条一级支流五里河、毛集河，在固县镇境内的魏家小河和张畈村处分别汇入淮河。。

（四）气象

高乐山自然保护区地处暖温带与亚热带的交汇地带，属于北亚热带季风型大陆性气候，四季分明，温暖湿润。春季空气干燥，降水少，气温回升快，常有干旱、霜冻等灾害；夏季高温湿热，降水量集中且多雷雨大风；秋季凉爽，天气晴朗多趋稳定，气温下降，雨量减少；冬季干燥寒冷，雨雪少，偏北风居多。年平均气温 15.1 ℃，7 月最热，日均气温 21～27.8 ℃，极端最高气温 41.5 ℃；1 月最低，日均气温 2.1～1.1 ℃，极端最低气温 -20.3 ℃；年日照时数 2 027 h，太阳辐射总量 12 kcal/cm²，一年有效辐射 55 kcal/cm²；年无霜期为 205～231 d，始于 10 月 26 日至 11 月 10 日，终于翌年 3 月 20 日至 4 月 3 日；年平均降水 933～1 181 mm，主要集中在 6 月、7 月、8 月 三个月，占年降水总量的 48.2%；年平均相对湿度 74%；年平均风速 3.0 m/s，以"静风"为最多，频率 10%，风速较小，对林木生长和开花结实无大的影响。

植物专家刘家才教授等在保护区管理局局长付明常等陪同下，在保护区考察现场讲解植物种类识别及分布状况

三、 植物多样性本底调查成果

（一）植物多样性分析

本次考察植物物种名称以 "物种2000"（Species 2000）数据库最新版本为准，蕨类植物以秦仁昌蕨类植物分类系统为准，裸子植物以郑万钧裸子植物分类系统为准，被子植物科、属的分类主要依据Cronquist（柯朗奎斯特）系统（稍有调整）。因为Cronquist系统与此前（如《河南植物志》）所采用的恩格勒（Engler）系统的科、属两个等级的数目有较大差别，所以本考察集在科、属等级的统计上，数目有所增多，如广义木兰科中的五味子属、天门冬属等在Cronquist分类系统中已分别独立为五味子科（Schisandraceae）和天门冬科（Asparagaceae），菊科的千里光属种的蒲儿根和狗舌草等种，在新系统中已经独立为蒲儿根属（Sinosenecio）和狗舌草属（Tephroseris），此种情况较多，此处不一一论述，可在维管植物名录中检索。经考察和整理多年的调查及研究资料，分类、鉴定、考证，经统计高乐山国家级自然保护区内维管植物（含蕨类植物、裸子植物、被子植物）共1 840种，见表5–1。

根据调查资料，统计出高乐山自然保护区野生维管植物共计有166科705属1 796种（含98变种、32亚种和3个变型）。其中蕨类植物19科48属107种，裸子植物 4 科 4 属 7 种（含种下等级），被子植物 143 科 653 属 1 682 种。

表 5-1 河南高乐山国家级自然保护区植物物种统计（含栽培种）

种　　类	科	属	种（含种以下等级）
蕨类植物	19	48	108
裸子植物	6	10	18
被子植物	151	682	1 745
合　　计	176（野生 166 科）	740（野生 705 属）	1 840（野生 1 796 种）

高乐山自然保护区野生维管植物科、属、种数量分别占据全省同类植物数量的 91.71%、72.98% 和 56.87%；与全国的维管植物数量相比其科、属、种数量分别占全国同类植物数量的 41.50%、21.08% 和 5.99%。植物的多样性无论在全省或者全国都占据重要地位。

从科的水平上来看，本区植物科组成的多样性已经占据全省分布大部分科，另外，本区从所包含科的多样性直接反映了各植物类群之间的亲缘关系及其在进化中的复杂多样性。在 166 科维管植物中，有原始的古老科，如马兜铃科、三白草科、金粟兰科、领春木科、连香树科等；也有在植物进化中处于分化的关键类群，如金缕梅科、虎耳草科、蔷薇科等；还有高度进化的科，如菊科、禾本科、兰科等。

按照科内所含种数的多少统计（见表 5-2），含 100 种以上的大科有禾本科和菊科，分别为 141 种和 127 种；含有 80 ~ 99 种的科有蔷薇科和豆科，分别为 96 种和 91 种；含有 60 ~ 79 种的科有莎草科和唇形科，分别为 77 种和 67 种。含有 40 ~ 59 种的科有毛茛科和百合科，分别为 46 种和 44 种；含有 20 ~ 39 种的有 13 种，含 10 ~ 19 种的有 22 科，含 5 ~ 9 种的有 29 科，含 2 ~ 4 种的有 47 科，单种属科 24 个。从表 5-2 可以看出，河南高乐山国家级自然保护区内的维管植物中，含 20 种植物以下的科的数目较多，含 1 种的科占总科数目的 16.78%，含 2 ~ 4 种的科占据总科数目的 32.87%，含 5 ~ 9 种的科占据总科数目的 20.28%，含 10 ~ 19 种的科占据总科数目的 15.38%，这 4 类科的数目占居总科数目的 85.31%；而含有 40 种以上的科比较少，仅有 8 个科。

表 5-2

科含种数量	科数	所占比例 / %	代表性科名
100 ~ 149	2	1.40	禾本科和菊科
80 ~ 99	2	1.40	蔷薇科和豆科
60 ~ 79	2	1.40	莎草科和唇形科
40 ~ 59	2	1.40	毛茛科和百合科
20 ~ 39	13	9.09	伞形科、玄参科、蓼科等
10 ~ 19	22	15.38	报春花科、桔梗科、萝藦科等
5 ~ 9	29	20.28	龙胆科、苋科、芸香科等
2 ~ 4	47	32.87	马兜铃科、木通科、清风藤科等
1	24	16.78	金鱼藻科、马桑科、白花菜科等

（二）植物区系分析

植物区系的地理成分是根据植物种或科属的现代地理分布而确定的，植物科属种的分布区域称之为植物分布区，植物分布区是植物种（或科属）的发生历史对环境长期适应的结果，以及许多自然因子对其长期影响所形成的状况。在植物界中，不同的植物类群（科、属、种）的分布区域是各不相同的，从而表现出不同的分布区类型。虽然植物任何分类单位都有其分布区类型，但是从植物地理学的观点出发，植物属比科更能具体地反映植物的系统发育、进化分异、演化方向和地理特征。因为在分类学上同一个属所包含的种常具有同一起源和相似的进化趋势，属的分类学特征相对比较稳定，而且有比较稳定的分布区，同时在其进化过程中，随着地理环境的变化发生变异，而有比较明显的地区性差异。因此，对河南高乐山国家级自然保护区的植物区系成分分析主要依据属的地理成分。根据本次考察的结果和文献资料的记载，结合本地区维管植物物种的分布特征及各种植物的实际分布区域的特征，对河南高乐山国家级自然保护区的植物分布区类型分别从属、种两个层面论述其特征，植物的分布区类型主要依据吴征镒和王荷生对全国植物区系分析的资料以及近些年来张桂宾对河南省种子植物的划分方法。

在植物分类学上，属的形态相对比较稳定，分布范围也比较固定，又能随着地理环境条件的变化而产生分化，因而属比科更能反映植物系统发育过程中的进化情况和地区特征。根据调查结果，将河南高乐山国家级自然保护区的维管植物划分为6个大类型、15个分布区类型和19个变型。

属分布类型的统计结果表明：世界分布类型共有84属，占本区域野生属数目的11.93%；温带分布类型在该区域占有比例最高，共294属，占本区总属数的41.70%；热带分布类型也比较丰富，共222属，占本区总属数的31.49%，其中以泛热带分布的类型及其变型最多，共107属；过渡类型（古地中海分布及东亚分布）也占有相当比例，共91属，占总属数的12.90%，这些种类主要是古地中海分布和东亚分布类型；中国特有成分不是很突出，仅为12属，占据总属数的1.70%，反映出本区的特有种类还不是很丰富。

总体上来看，河南高乐山国家级自然保护区植物区系地理成分多样，区系联系广泛。属的统计反映出：本区的区系整体上温带成分占优势，并有相当数量的热带或亚热带的成分，反映了本区的过渡性质的区系类型特征。

（三）植被分析

1. 植被分类

依据《中国植被》1980年的分类系统，将河南高乐山国家级自然保护区植物群落分为7个植被型组、10个植被型，112个群系，分类如下：

（1）针叶林

①落叶针叶林（含2个群系）；②常绿针叶林（含5个群系）。

（2）阔叶林

落叶阔叶林（含21个群系）

（3）针阔叶混交林

针阔叶混交林（含5个群系）

（4）竹林

竹林（含8个群系）

(5) 灌丛和灌草丛

①灌丛（含 34 个群系）；②灌草丛（含 3 个群系）。

(6) 草甸

草甸（含 16 个群系）

(7) 沼泽植被和水生植被

①沼泽植被（含 6 个群系）； ②水生植被（含 12 个群系）。

2. 主要植被类型

(1) 针叶林。

本区分布的针叶树种有 17 种，多为人工林，其中只有油松、马尾松、火炬松、侧柏能在本区成为群落的优势种，形成群落。

(2) 阔叶林。

阔叶林是组成河南高乐山国家级自然保护区森林群落的主体。落叶阔叶林占绝对优势，分布面积广泛，是主要用材林、水源涵养林和经济林，如化香树林、槲栎林、栓皮栎林、油桐林、黄檀林、大果榉林等。由于本区特殊的地质环境、气候环境及早期人为破坏较为严重，灌丛占一定面积，是药用植物、野果资源及观赏资源的主要来源，如连翘、野山楂、绣线菊类、杜鹃类、白鹃梅、牡荆、黄荆、毛黄栌等。在本区中，大果榉作为河南省保护植物，具有较大面积分布，且群落发育健康，主要分布于山坡区域，林相较整齐，具有极为重要的保护价值。

(3) 针阔叶混交林。

本区的针阔叶混交林主要为以马尾松、油松、栓皮栎、化香树等为主形成的混交林。由于本区域的油松、马尾松等均为人工栽培，后经一定的自然演化，出现少量伴生树种。

(4) 竹林。

本区竹林为人工栽培，面积不大，主要分布于山坡河流附近，以纯林形式出现。

(5) 灌丛和灌草丛。

本区灌丛和灌草丛主要都是次生性质的，灌丛分为常绿灌丛、落叶灌丛，主要灌丛类型有胡颓子灌丛、牡荆灌丛、黄栌灌丛、山胡椒灌丛、悬钩子灌丛、杜鹃灌丛、白鹃梅灌丛、连翘灌丛、胡枝子灌丛等。

(6) 草甸。

本区中有较为奇特的草甸类型，在本区高乐山主峰及附近山峰顶部区域，出现大面积的山坡草甸群落现象。该类型在全省植被分布中较为罕见，具有很重要的研究价值。本区域中常见草甸类型有白茅草甸、狗牙根草甸、假俭草草甸、黄背草草甸、夏枯草人工草甸等。在部分山谷中石灰岩区域也出现一些蕨类群落，如较小面积的蜈蚣凤尾蕨群落、普通铁线蕨群落等。

(7) 沼泽植被和水生植被。

本区沼泽及水生植被主要分布于山脚河流湿地、坑塘，分布面积较小。常见的有芦苇、香蒲、莎草、灯芯草等。

（四）珍稀保护植物

河南高乐山国家级自然保护区地理位置特殊、地形复杂，生态环境多样，不仅为南北植物的交汇分布提供了物质条件，而且也为珍稀濒危植物的生存和繁衍提供了避难场所。因此，河南高乐山国家级自然保护区保存了丰富的珍稀濒危植物。

1. 国家重点保护野生植物

据调查统计，河南高乐山国家级自然保护区国家一级重点保护植物 2 种，即红豆杉（Taxus wallichiana var. chinensis）、南方红豆杉（Taxus wallichiana var. mairei），国家二级重点保护植物 31 种；属河南省省级重点保护的有 28 种，见表5-3。

表 5-3 国家重点保护野生植物

序号	种拉丁名	种中文名	国家保护等级
1	Taxus wallichiana var. chinensis	红豆杉	一级
2	Taxus wallichiana var. mairei	南方红豆杉	一级
3	Cinnamomum japonicum	天竺桂	二级
4	Dysosma pleiantha	六角莲	二级
5	Dysosma versipellis	八角莲	二级

续表 5-3

序号	种拉丁名	种中文名	国家保护等级
6	Zelkova schneideriana	大叶榉树、榉树	二级
7	Fagopyrum dibotrys	金荞麦	二级
8	Camellia sinensis	茶	二级
9	Actinidia chinensis	中华猕猴桃	二级
10	Actinidia arguta	软枣猕猴桃	二级
11	Glycine soja	野大豆	二级
12	Trapa maximowiczii	细果野菱	二级
13	Panax japonicus	竹节参、大叶三七	二级
14	Changium smyrnioides	明党参	二级
15	Emmenopterys henryi	香果树	二级
16	Zoysia sinica	中华结缕草	二级
17	Amana edulis	老鸦瓣	二级
18	Amana erythronioides	二叶郁金香	二级
19	Amana anhuiensis	安徽老鸦瓣	二级
20	Amana hejiaqingii	大别老鸦瓣	二级
21	Fritillaria anhuiensis	安徽贝母、舞阳贝母	二级
22	Fritillaria monantha	天目贝母	二级
23	Fritillaria cirrhosa	川贝母	二级
24	Fritillaria thunbergii	浙贝母	二级
25	Cardiocrinum cathayanum	荞麦叶大百合	二级
26	Paris polyphylla var. chinensis	华重楼	二级
27	Bletilla striata	白及	二级
28	Gastrodia elata	天麻	二级
29	Changnienia amoena	独花兰	二级
30	Pleione bulbocodioides	独蒜兰	二级

续表 5-3

序号	种拉丁名	种中文名	国家保护等级
31	Cymbidium faberi	蕙兰	二级
32	Cymbidium floribundum	多花兰	二级
33	Cymbidium goeringii	春兰	二级

2. 国家珍贵树种

另据林业部护字〔1992〕56号文件中珍贵树种名录统计，在132种国家第一批、第二批珍贵树种中，本区有7种，见表5-4。

表 5-4 国家珍贵树种

物种名	级别	分布
南方红豆杉	Ⅰ级	山沟或山坡杂木林中
香果树	Ⅰ级	盘古殿、固庙—太白顶
杜仲	Ⅱ级	药厂、十八拐
大叶榉树	Ⅱ级	五道沟、中心村、大寺沟、固庙—太白顶
胡桃楸	Ⅱ级	高乐山、回龙母猪圈、中心村、回龙踩底沟、高乐山主峰一线、五道沟、母猪槽—炭沟
蒙古栎	Ⅱ级	回龙踩底沟
刺楸	Ⅱ级	回龙母猪圈、大寺沟、五道沟

3. 河南省重点保护植物

列入省级重点保护的植物一般是一些地方特有种以及一些渗入种。它们的存在为研究植物区系地理、分布样式与历史变迁以及影响变迁的环境生态因素、植物对环境的适应与协调进化、种的分化与新种的形成等植物学各分支学科提供了重要线索。正是由于这些植物在学术上的重要价值，河南省级重点保护植物中的很多种类已被列为国家第二批重点保护植物之中，如天竺桂（Cinnamomum japonicum）、独花兰（Changnienia amoena）等。经统计，本区列为河南省省级重点保护植物的有28种，见表5-5。

表 5-5 河南省重点保护植物

序号	科名	属名	种拉丁名	种中文名
1	铁角蕨科	过山蕨属	Camptosorus sibiricus	过山蕨
2	三尖杉科	三尖杉属	Cephalotaxus fortunei	三尖杉
3	三尖杉科	三尖杉属	Cephalotaxus sinensis	粗榧
4	木兰科	玉兰属	Yulania biondii	望春玉兰
5	樟科	樟属	Cinnamomum wilsonii	川桂
6	樟科	樟属	Cinnamomum japonicum	天竺桂
7	樟科	润楠属	Machilus ichangensis	宜昌润楠
8	樟科	楠属	Phoebe faberi	竹叶楠
9	樟科	楠属	Phoebe chinensis	山楠
10	樟科	木姜子属	Litsea auriculata	天目木姜子
11	樟科	木姜子属	Litsea coreana var. sinensis	豹皮樟
12	樟科	山胡椒属	Lindera erythrocarpa	红果山胡椒
13	蕈树科	枫香树属	Liquidambar formosana	枫香树
14	杜仲科	杜仲属	Eucommia ulmoides	杜仲
15	榆科	榉属	Zelkova sinica	大果榉
16	榆科	青檀属	Pteroceltis tatarinowii	青檀
17	胡桃科	胡桃属	Juglans mandshurica	胡桃楸
18	葫芦科	绞股蓝属	Gynostemma pentaphyllum	绞股蓝
19	安息香科	安息香属	Styrax obassis	玉铃花
20	安息香科	安息香属	Styrax odoratissimus	芬芳安息香
21	七叶树科	七叶树属	Aesculus chinensis	七叶树
22	槭树科	槭属	Acer oblongum	飞蛾槭
23	五加科	刺楸属	Kalopanax septemlobus	刺楸
24	百合科	延龄草属	Trillium tschonoskii	延龄草
25	兰科	天麻属	Gastrodia elata	天麻

续表 5-5

序号	科名	属名	种拉丁名	种中文名
26	兰科	独花兰属	*Changnienia amoena*	独花兰
27	兰科	兰属	*Cymbidium floribundum*	多花兰
28	清风藤科	珂楠树属	*Kingsboroughia alba*	珂楠树

4. 珍稀濒危植物

根据 2021《国家重点保护野生植物名录》、濒危动植物种国际贸易公约（CITES）、世界自然保护联盟（IUCN）濒危物种红色名录、《全国极小种群野生植物拯救保护工程规划》等，本区有国家珍稀濒危植物共 52 种，见表 5-6。

表 5-6 国家珍稀濒危植物

序号	中文名	科名	国家重点保护野生植物	CITES	IUCN	极小种群	备注
1	银杏	银杏科		Ⅱ	CR		栽培
2	水杉	杉科			CR	是	栽培
3	红豆杉	红豆杉科	一级	Ⅱ	VU		
4	南方红豆杉	红豆杉科	一级	Ⅱ	VU		
5	樟	樟科			LC		栽培
6	天竺桂	樟科	二级		VU		
7	五味子	五味子科		Ⅱ	LC		
8	萍蓬草	睡莲科		Ⅱ			
9	八角莲	小檗科	二级		VU		
10	六角莲	小檗科	二级		NT		
11	竹节参	五加科	二级				
12	大叶榉树	榆科	二级	Ⅱ	NT		
13	金荞麦	蓼科	二级	Ⅱ	LC		
14	牡丹	毛茛科		Ⅱ			栽培
15	中华猕猴桃	猕猴桃科	二级				
16	软枣猕猴桃	猕猴桃科	二级		LC		

续表 5-6

序号	中文名	科名	国家重点保护野生植物	CITES	IUCN	极小种群	备注
17	茶	山茶科	二级				
18	野大豆	豆科	二级	II			
19	细果野菱	菱科	二级		DD		
20	明党参	伞形科	二级		VU		
21	香果树	茜草科	二级				
22	内蒙古鹅观草	禾本科		II			
23	中华结缕草	禾本科	二级		LC		
24	穿龙薯蓣	薯蓣科		II			
25	老鸦瓣	百合科	二级				
26	二叶郁金香	百合科	二级				
27	安徽老鸦瓣	百合科	二级				
28	大别老鸦瓣	百合科	二级				
29	安徽贝母、舞阳贝母	百合科	二级		VU		
30	天目贝母	百合科	二级				
31	川贝母	百合科	二级				
32	浙贝母	百合科	二级				
33	荞麦叶大百合	百合科	二级				
34	华重楼	百合科	二级				
35	舌唇兰	兰科		II	LC		
36	小舌唇兰	兰科			LC		
37	小花蜻蜓兰	兰科			NT		
38	十字兰	兰科		II	VU		
39	鹅毛玉凤花	兰科		II	LC		
40	银兰	兰科			LC		
41	白及	兰科	二级	II	EN		

续表5-6

序号	中文名	科名	国家重点保护野生植物	CITES	IUCN	极小种群	备注
42	天麻	兰科	二级	Ⅱ			
43	绶草	兰科		Ⅱ	LC		
44	大花斑叶兰	兰科		Ⅱ	NT		
45	小斑叶兰	兰科		Ⅱ	LC		
46	斑叶兰	兰科		Ⅱ	NT		
47	独花兰	兰科	二级		EN		
48	独蒜兰	兰科	二级	Ⅱ	LC		
49	反瓣虾脊兰	兰科		Ⅱ	LC		
50	蕙兰	兰科	二级	Ⅱ			
51	多花兰	兰科	二级	Ⅱ	VU		
52	春兰	兰科	二级	Ⅱ			

注：DD 为数据缺乏，LC 为无危，NT 为近危，VU 为易危，EN 为濒危，CR 为极危。

5. 本区《中国植物红皮书》收录的植物

本区内《中国植物红皮书》收录植物共15种，其中3种为栽培种，12种为野生种，见表5-7。

表5-7 《中国植物红皮书》收录的植物

序号	中文名	拉丁名	科名	现状	备注
1	延龄草	Trillium tschonoskii	百合科	无危	
2	杜仲	Eucommia ulmoides	杜仲科	易危	栽培
3	胡桃楸	Juglans mandshurica	胡桃科	无危	
4	独花兰	Changnienia amoen	兰科	濒危	
5	天麻	Gastrodia elata	兰科		
6	狭叶瓶尔小草	Ophioglossum thermale	瓶尔小草科	近危	
7	香果树	Emmenopterys henryi	茜草科	近危	
8	明党参	Changium smyrnioides	伞形科	易危	

续表 5-7

序号	中文名	拉丁名	科名	现状	备注
9	（野生）茶	Camellia sinensis	山茶科		
10	水杉	Metasequoia glyptostroboides	杉科	濒危	栽培
11	八角莲	Dysosma versipellis	小檗科	易危	
12	银杏	Ginkgo biloba	银杏科	极危	栽培
13	青檀	Pteroceltis tatarinowii	榆科	无危	
14	天竺桂	Cinnamomum japonicum	樟科	易危	
15	天目木姜子	Litsea auriculata	樟科	易危	

6. 河南植物分布新记录

另外发现 2 种河南省新记录植物，为凹叶玉兰（Yulania sargentiana）、露珠碎米荠（Cardamine circaeoides）。

（五）资源植物

河南高乐山国家级自然保护区位于河南省植物多样性分布和发育中心地带，植物种类繁多。丰富的植物种类和资源优势是开展植物资源综合开发利用研究的基础。

(1) 树种：210 种，在本区林业生产经营方面占有重要地位。如银杏、马尾松、油松、火炬松、湿地松、黑松、柳杉、日本柳杉、杉木、水杉、圆柏、刺柏、柏木、侧柏、三尖杉、粗榧、红豆杉、南方红豆杉、望春玉兰、玉兰、凹叶玉兰、樟、川桂、天竺桂、宜昌润楠、竹叶楠、白楠、山楠、天目木姜子等。

(2) 淀粉植物：127 种，如蕨、狗脊、顶芽狗脊、毛莨、鹰爪枫、蝙蝠葛、苎麻、栗、茅栗、麻栎、槲栎、锐齿槲栎、槲树、白栎、蒙古栎、枹栎、短柄枹栎、栓皮栎、小叶栎、青冈、细叶青冈、小叶青冈栎、小叶青冈等。

(3) 纤维植物：205 种，如木通、三叶木通、白木通、鹰爪枫、蝙蝠葛、金线吊乌龟、千金藤、木防己、风龙防己、马桑、牛鼻栓、杜仲、兴山榆、春榆、旱榆、大果榆、榆树、榔榆、大叶榉树、榉树、大果榉等。

（4）野生水果：92 种，如五味子、华中五味子、南五味子、木通、三叶木通、白木通、鹰爪枫、柘、桑、鸡桑、华桑、蒙桑、藤构、楮小构树、构树、中华猕猴桃、美味猕猴桃、软枣猕猴桃、柿、野柿、君迁子等。

（5）鞣料植物：219 种，如蕨、马尾松、柳杉、日本柳杉、杉木、清风藤、阔叶清风藤、珂楠树、红柴枝、化香树、枫杨、胡桃楸、胡桃、栗、茅栗、麻栎、槲栎、锐齿槲栎、槲树、白栎、蒙古栎、炮栎、短柄炮栎、栓皮栎、小叶栎、青冈、细叶青冈、小叶青冈栎、小叶青冈、青栲等。

（6）园林绿化观赏植物：726 种，如川桂、天竺桂、宜昌润楠、竹叶楠、白楠、山楠、天目木姜子、毛豹皮樟、豹皮樟、木姜子、豺皮樟、绢毛木姜子、红果山胡椒、山胡椒、绿叶甘橿、山橿、红脉钓樟、大叶钓樟、乌药、宽叶金粟兰、多穗金粟兰、银线草、及已、五味子、华中五味子、南五味子等。

（7）野菜植物：120 种，如蕨、兴山榆、春榆、旱榆、大果榆、榆树、桑、鸡桑、华桑、蒙桑、尖头叶藜、藜、灰绿藜、小藜、地肤、绿穗苋、反枝苋、繁穗苋、皱果苋、凹头苋、马齿苋、酸模、长刺酸模、尼泊尔酸模、皱叶酸模、齿果酸模、羊蹄、巴天酸模、金荞麦、鸡腿堇菜、堇菜、辽宁堇菜等。

（8）饲料植物：231 种，如兴山榆、春榆、旱榆、大果榆、榆树、椰榆、大叶榉树、榉树、大果榉、青檀、紫弹树、黑弹树、小叶朴、珊瑚朴、大叶朴、毛叶朴、朴树、柘、桑、鸡桑、华桑、蒙桑、藤构、楮小构树、构树、野线麻、大叶苎麻、苎麻、栗、茅栗、麻栎、槲栎、锐齿槲栎、槲树、白栎、蒙古栎、炮栎、短柄炮栎、栓皮栎、绿穗苋、反枝苋等。

（9）芳香植物：104 种，望春玉兰、玉兰、凹叶玉兰、蜡梅、樟、川桂、天竺桂、宜昌润楠、竹叶楠、白楠、山楠、天目木姜子、毛豹皮樟、豹皮樟、木姜子、豺皮樟、绢毛木姜子、江浙山胡椒、红果山胡椒、山胡椒、绿叶甘橿、山橿、红脉钓樟、大叶钓樟、乌药、宽叶金粟兰等。

⑽油脂植物：134 种，如马尾松、油松、火炬松、湿地松、黑松、圆柏、刺柏、柏木、侧柏、三尖杉、粗榧、红豆杉、南方红豆杉、樟、川桂、天竺桂、宜昌润楠、

竹叶楠、白楠、山楠、天目木姜子、毛豹皮樟、豹皮樟、木姜子、豺皮樟、绢毛木姜子、江浙山胡椒、红果山胡椒、山胡椒、绿叶甘橿、山橿、红脉钓樟、大叶钓樟、乌药、大叶铁线莲、木通、三叶木通、白木通、鹰爪枫、胡桃楸等。

⑪药用植物：865种，如石松、扁枝石松、地刷子、卷柏、垫状卷柏、蔓出卷柏、中华卷柏、江南卷柏、兖州卷柏、伏地卷柏、细叶卷柏、问荆、草问荆、木贼、节节草、犬问荆、紫萁、海金沙、贯众、多羽贯众、抱石莲、伏石蕨、有柄石韦、相似石韦、华北石韦、石韦、庐山石韦、水龙骨、中华水龙骨、银杏、望春玉兰、玉兰、凹叶玉兰、蜡梅、木姜子、绢毛木姜子、乌药、宽叶金粟兰、多穗金粟兰、银线草、及已、蕺菜、北马兜铃、马兜铃、寻骨风、汉城细辛细辛、五味子、华中五味子、南五味子、乌头、瓜叶乌头、高乌头、天葵、小木通、山木通等。

⑫有毒植物：56种，如问荆、草问荆、木贼、节节草、犬问荆、乌头、瓜叶乌头、高乌头、禺毛茛、茴茴蒜、毛茛、石龙芮、八角莲、马桑、芫花、毛瑞香、结香、草瑞香、乳浆大戟、泽漆、湖北大戟、大戟、钩腺大戟等。

⑬蜜源植物：163种，如毛糯米椴、糯米椴、华东椴、南京椴、粉椴、华空木野珠兰、华北绣线菊、大叶华北绣线菊、粉花绣线菊、尖叶绣线菊、光叶粉花绣线菊、翠蓝绣线菊、陕西绣线菊、李叶绣线菊、单瓣李叶绣线菊、绢毛绣线菊、土庄绣线菊、柔毛绣线菊、中华绣线菊、疏毛绣线菊、三裂绣线菊、绣球绣线菊、华北珍珠梅等。

⑭树脂、树胶植物30种，橡胶、硬橡胶植物5种。树脂、树胶植物如马尾松、油松、火炬松、湿地松、黑松、枫香树、中华猕猴桃、美味猕猴桃、软枣猕猴桃、李、野杏、杏、桃等；橡胶、硬橡胶植物为薜荔、杜仲、卫矛、白杜、大花卫矛。

（六）中国特有种子植物

本区经调查统计并参考由黄继红、马克平、陈彬等编写的《中国特有种子植物的多样性及其地理分布》一书，本区有中国特有种子植物318种，分别属于80科188属。

第三节 土地利用变化遥感监测

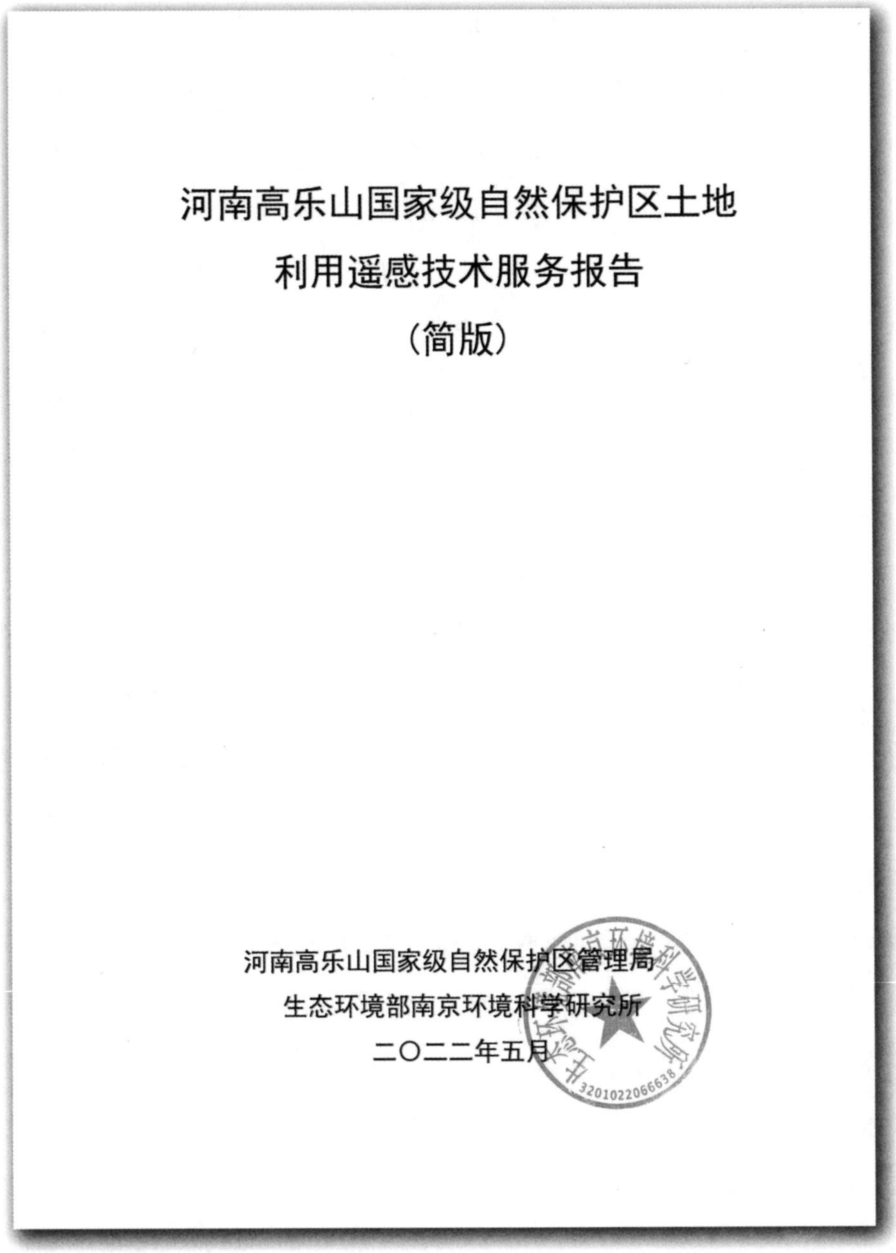

河南高乐山国家级自然保护区土地
利用遥感技术服务报告
（简版）

河南高乐山国家级自然保护区管理局
生态环境部南京环境科学研究所
二〇二二年五月

　　为进一步巩固完善高乐山自然保护区生态修复举措，维护林地面积的合法性和修复成效，在开展植物调查和动物监测工作的同时，保护区管理局邀请生态环境部南京环境科学研究所，采用多光谱遥感技术和高精度地物信息提取技术，对高乐山自然保护区土地利用类型的数量变化和动态变化等进行了科学监测，通过高端技术设备和实地勘察，取得了真实科考数据，共同编写了《河南高乐山国家级自然保护区土地利用遥感技术服务报告》。该报告重点对保护区土地利用变化和植被覆盖度变化进行了评估分析，为保护区土地资源科学管理及实现区域土地资源可持续利用提供了决策依据。

一、土地利用变化格局分析

（一）数据与方法

1. 数据处理

为准确识别河南高乐山国家级自然保护区土地利用变化趋势与格局，选取高分 1 号（GF-1）卫星影像作为主要数据源，对于云量较多或影像缺失的情况，采用 Landsat OLI 影像数据作为补充。其中，GF-1 影像空间分辨率为 2 m，Landsat OLI 影像空间分辨率为 30 m。影像时间分别为 2016 年、2019 年和 2021 年。考虑到河南高乐山国家级自然保护区以林地为主的实际情况，为提高遥感信息提取精度，选择植被生长季（6—9 月）的遥感影像数据。

卫星数据地面接收站获取的卫星影像通常已经进行过辐射校正，在利用时还需要进行几何精纠正。遥感影像几何纠正具体过程如下：①校正算法，几何校正系数采用最小二乘法计算，几何校正采用二次多项式；②像元重采样采用最邻近点法。③结合实地踏勘、历史资料收集等方式，借助 ENVI 软件的影像校正、信息提取与图件合成功能，完成影像合成、精纠正、配准和增强处理。

2. 分类体系构建

为了提升分析结果与河南高乐山国家级自然保护区生态环境监管实际需求的匹配性，采用第三次全国国土调查的分类体系为基础，构建土地利用分类体系。结合河南高乐山国家级自然保护区生态环境实际情况，将保护区划分为 10 个一级类型，包括耕地、园地、林地、草地、商业与服务用地、工矿用地、住宅用地、交通运输用地、水域及水利设施用地、其他土地。分类体系具体情况如表5-8所示。

表 5-8 土地利用分类体系

一级地类	二级地类	一级地类	二级地类
耕地 (01)	水田 (0101)	住宅用地 (07)	科教文卫用地 (0701)
	水浇地 (0102)		公用设施用地 (0702)
	旱地 (0103)		
种植园用地 (02)	果园 (0201)	交通运输用地 (08)	公路用地 (0801)
	其他园地 (0202)		城镇村道路用地 (0802)
林地 (03)	乔木林地 (0301)		农村道路 (0803)
	竹林地 (0302)	水域及水利设施用地 (09)	河流水面 (0901)
	灌木林地 (0303)		水库水面 (0902)
	其他林地 (0304)		坑塘水面 (0903)
草地 (04)	其他草地 (0401)		沟渠 (0904)
商业服务业用地 (05)	商业服务业设施用地 (0501)		水工建筑用地 (0905)
	物流仓储用地 (0502)	其他土地 (10)	设施农用地 (1001)
工矿用地 (06)	采矿用地 (0601)		裸岩石砾地 (1002)

（二）土地利用变化格局分析

通过遥感数据解译及空间分析，按照构建的分类体系，获取了河南高乐山国家级自然保护区 2016 年、2019 年和 2021 年的土地利用格局。在此基础上，进一步对各年的土地利用数据进行定量统计分析。

1. 2016 年土地利用格局

2016 年，河南高乐山国家级自然保护区土地利用格局显示，2016 年河南高乐山国家级自然保护区土地利用类型中林地所占比例达到 93.6%，其中以乔木林地为主，乔木林占林地总面积的 92.3%。该区域草地分布规模较小，仅占区域总面积的 0.2%，主要为郁闭度 < 0.1 的稀疏草地。其他各土地利用类型在林地上交错分布。耕地和其他土地是林地以外面积较大的用地类型。其中，耕地包括水田和旱地，主要在保护区南侧沿边缘分布，面积占自然保护区面积的 2.1%；其他土地

主要为裸岩石砾地，集中分布在保护区西南部。保护区内人类活动用地体现为商业与服务用地、工矿用地、住宅用地及交通用地等，在保护区内呈点状零散分布。交通运输用地和工矿用地属于规模相对较大的人类活动用地类型，二者面积比例仅为0.8%和0.1%。水域及水利设施在河南高乐山国家级自然保护区分布规模有限，面积比例为0.5%。

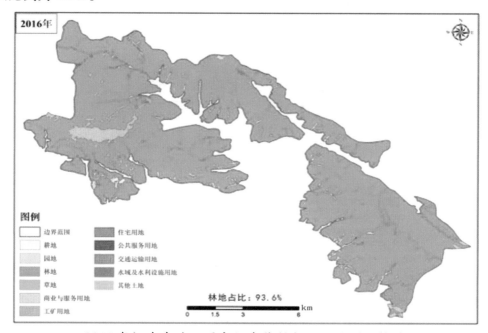

2016年河南高乐山国家级自然保护区土地利用格局

2. 2019年土地利用格局

2019年，河南高乐山国家级自然保护区土地利用格局显示，2019年河南高乐山国家级自然保护区土地利用类型中林地面积较2016年有所增加，面积比例达到93.8%。草地分布规模基本保持稳定，分布区域占保护区总面积的0.2%，仍表现为郁闭度＜0.1的稀疏草地。其他各土地利用类型在林地上交错分布。耕地和其他土地是林地以外面积较大的用地类型。其中，耕地包括水田和旱地，主要在保护区南侧沿边缘分布，面积占河南高乐山国家级自然保护区的2.1%；其他土地主要为裸岩石砾地，集中分布在保护区西南部，其面积比例为2.1%。保护区内人类活动用地体现为商业与服务用地、工矿用地、住宅用地及交通用地等，在保护区内呈点状零散分布。交通运输用地和工矿用地属于规模相对较大的人类活动用地类型，二者面积比例仅为 0.8% 和 0.1%。工矿用地面积较前一时期降低 1.4 hm²，体现了河南高乐山国家级自然保护区生态修复的工作成效。水域及水利设施规模保持稳定，面积比例为 0.5%。

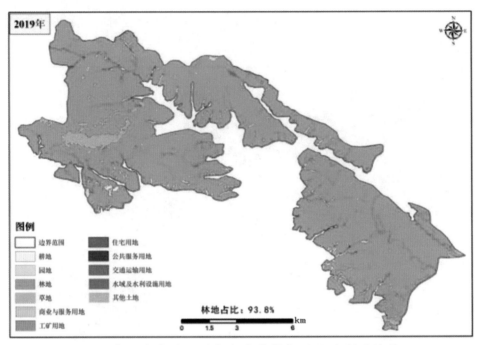

2019 年河南高乐山国家级自然保护区土地利用格局

3. 2021 年土地利用格局

2021 年，河南高乐山国家级自然保护区土地利用格局显示，2021 年河南高乐山国家级自然保护区土地利用类型继续保持林地为主导的态势，林地规模有扩大趋势，占保护区总面积的比例达到 94.7%。草地分布规模基本保持稳定，分布区域占保护区总面积的 0.2%，表现为郁闭度 <0.1 的稀疏草地。其他各土地利用类型在林地中交错分布。耕地和其他土地是林地以外面积较大的用地类型，分布规模较前一时期未发生明显变化。其中，耕地包括水田和旱地，主要在保护区南侧沿边缘分布，面积占河南高乐山国家级自然保护区的 2.1%；其他土地主要为裸岩石砾地，集中分布在保护区西南部，其面积小幅下降，比例为 1.8%。保护区内人类活动用地体现为商业与服务用地、工矿用地、住宅用地及交通用地等，在保护区内呈点状零散分布。值得注意的是，工矿用地面积继续降低，保护区内已没有采

矿行为。与此同时，住宅用地面积也有所降低，降幅为 0.8 hm²。工矿用地和住宅用地的变化体现了河南高乐山国家级自然保护区生态修复工作的持续性和有效性。水域及水利设施规模小幅降低，面积比例为 0.4%。

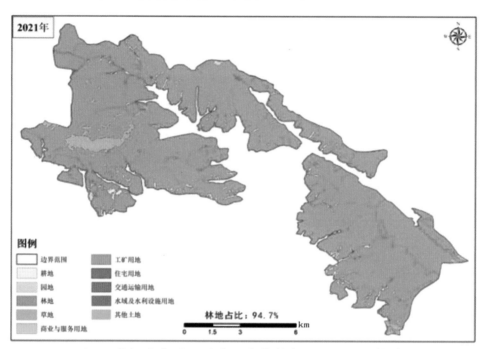

2021 年河南高乐山国家级自然保护区土地利用格局

（三）土地利用变化趋势分析

以 2016 年、2019 年和 2021 年河南高乐山国家级自然保护区土地利用数据为基础（见表 5-9），采用空间叠加分析方法提取不同时段（2016—2019 年、2019—2021 年和 2016—2021 年）保护区土地利用变化趋势，识别土地利用变化规模与特征，为保护区生态环境科学管理提供科学参考。

1. 2016—2019 年土地利用变化

2016—2019 年，河南高乐山国家级自然保护区土地利用变化趋势如表 5-10所示。结果显示，该时段保护区土地利用基本呈现出向林地转换，显示该时段内河南高乐山国家级自然保护区生态环境呈向好趋势发展。作为主要生态用地类型，林地的规模有所增加，新增林地主要来自草地、建设用地和其他土地（裸岩石砾地）转换，体现了河南高乐山国家级自然保护区的生态修复工作成效。同时，草地向林地转化的规模为 2.7 hm²，主要与保护区内不同生态系统间的自然演替有关。该时期共有 7.1 hm² 的裸岩石砾地转为新增林地，表现出绿化趋势。

表 5-9 2016 年、2019 年和 2021 年的土地利用类型面积统计

土地利用类型	2016 年		2019 年		2021 年	
	面积 /hm²	比例 /%	面积 /hm²	比例 /%	面积 /hm²	比例 /%
耕地	225.7	2.1	225.7	2.1	225.7	2.1
园地	13.2	0.1	13.2	0.1	13.2	0.1
林地	9 933.3	93.6	9956.3	93.8	10 049.6	94.7
草地	21.1	0.2	18.4	0.2	18.4	0.2
商业与服务用地	0.9	0.0	0.9	0.0	0.9	0.0
工矿用地	15.4	0.1	8.6	0.1	0.0	0.0
住宅用地	8.3	0.1	8	0.1	7.5	0.1
交通运输用地	83.4	0.8	82.1	0.8	62.5	0.6
水域及水利设施用地	55.3	0.5	50.3	0.5	43.7	0.4
其他土地	228.8	2.2	221.7	2.1	190.5	1.8

表 5-10 2016—2019 年河南高乐山国家级自然保护区土地利用转移矩阵　单位：hm²

2019 年土地利用＼2016 年土地利用	耕地	园地	林地	草地	商业与服务用地	工矿用地	住宅用地	交通运输用地	水域及水利设施用地	其他土地
耕地	225.7	0.0	0.0	0.0	0.0	0.0	0.0	0.0	0.0	0.0
园地	0.0	13.2	0.0	0.0	0.0	0.0	0.0	0.0	0.0	0.0
林地	0.0	0.0	9 956.3	2.7	0.0	6.8	0.3	1.3	5	7.1
草地	0.0	0.0	0.0	18.4	0.0	0.0	0.0	0.0	0.0	0.0
商业与服务用地	0.0	0.0	0.0	0.0	0.9	0.0	0.0	0.0	0.0	0.0
工矿用地	0.0	0.0	0.0	0.0	0.0	8.6	0.0	0.0	0.0	0.0
住宅用地	0.0	0.0	0.0	0.0	0.0	0.0	8	0.0	0.0	0.0
交通运输用地	0.0	0.0	0.0	0.0	0.0	0.0	0.0	82.1	0.0	0.0
水域及水利设施用地	0.0	0.0	0.0	0.0	0.0	0.0	0.0	0.0	50.3	0.0
其他土地	0.0	0.0	0.0	0.0	0.0	0.0	0.0	0.0	0.0	221.7

2. 2019—2021 年土地利用变化

2016—2019 年，河南高乐山国家级自然保护区土地利用变化趋势如表 5-11
所示。结果显示，该时段保护区土地利用基础呈现出向林地转换的趋势。林地作
为河南高乐山国家级自然保护区主导土地利用类型，在该时期面积小幅增加，主
要来自其他土地（裸岩石砾地）、建设用地和工矿用地的转换。其中，有 14 hm²
的工矿用地和 0.5 hm² 的住宅用地（主要为农村宅基地）经过生态修复，转变为林地。
这主要得益于保护区科学有力的生态环境管理与修复政策。该时期草地与林地间
未表现出明显转移趋势，各生态系统类型状态较为稳定。其他土地（主要为裸岩
石砾地）向林地转化的规模为 31.2 hm²。

表 5-11 2019—2021 年河南高乐山国家级自然保护区土地利用转移矩阵　　单位：hm²

2021年土地利用 ＼ 2019年土地利用	耕地	园地	林地	草地	商业与服务用地	工矿用地	住宅用地	交通运输用地	水域及水利设施用地	其他土地
耕地	225.7	0.0	0.0	0.0	0.0	0.0	0.0	0.0	0.0	0.0
园地	0.0	13.2	0.0	0.0	0.0	0.0	0.0	0.0	0.0	0.0
林地	0.0	0.0	10 049.6	0.0	0.0	8.6	0.5	19.6	6.6	31.2
草地	0.0	0.0	0.0	18.4	0.0	0.0	0.0	0.0	0.0	0.0
商业与服务用地	0.0	0.0	0.0	0.0	0.9	0.0	0.0	0.0	0.0	0.0
工矿用地	0.0	0.0	0.0	0.0	0.0	0.0	0.0	0.0	0.0	0.0
住宅用地	0.0	0.0	0.0	0.0	0.0	0.0	7.5	0.0	0.0	0.0
交通运输用地	0.0	0.0	0.0	0.0	0.0	0.0	0.0	62.5	0.0	0.0
水域及水利设施用地	0.0	0.0	0.0	0.0	0.0	0.0	0.0	0.0	43.7	0.0
其他土地	0.0	0.0	0.0	0.0	0.0	0.0	0.0	0.0	0.0	190.5

3. 2016—2021 年土地利用变化

综合 2016—2019 年和 2019—2021 年两个时期河南高乐山国家级自然保护区
土地利用变化情况分析结果（见表 5-10、表 5-11），可以明确 2016—2021 年整
个长时段的土地利用变化整体趋势，如表 5-12 所示。结果显示，2016 年以来河南

高乐山国家级自然保护区土地利用趋势整体保持平稳，林地作为河南高乐山国家级自然保护区主导土地利用类型，在近5年内规模有所增长，增幅超过200多 hm²。新增的林地主要来源包括草地、建设用地补植补造（如工矿用地、住宅用地等）以及其他土地（裸岩石砾地）。草地总体保持稳定，有小部分区域向林地演替。工矿用地、住宅用地等人类活动用地类型规模总体呈缩小趋势，其中工矿用地基本消除面积减少15.4 hm²，住宅用地面积减少0.8 hm²。其他土地类型以裸岩石砾地为主导，其分布规模同样呈降低趋势，近5年面积减少38.3 hm²，均在生态修复活动影响下转为林地。结果表明，在生态系统严格保护和科学管理的影响下，河南高乐山国家级自然保护区范围内人类开发建设活动得到有效管控，保护区生态状况呈现向好发展的态势。

表5-12 2016—2021年河南高乐山国家级自然保护区土地利用转移矩阵　　单位：hm²

2021年土地利用 ＼ 2016年土地利用	耕地	园地	林地	草地	商业与服务用地	工矿用地	住宅用地	交通运输用地	水域及水利设施用地	其他土地
耕地	225.7	0.0	0.9	0.0	0.0	0.0	0.0	0.4	0.0	0.0
园地	0.0	13.2	0.0	0.0	0.0	0.0	0.0	0.0	0.0	0.0
林地	0.0	0.0	10 049.6	2.7	0.0	15.4	0.8	20.9	11.6	38.3
草地	0.0	0.0	0.0	18.4	0.0	0.0	0.0	0.0	0.0	0.0
商业与服务用地	0.0	0.0	0.0	0.0	0.9	0.0	0.0	0.0	0.0	0.0
工矿用地	0.0	0.0	0.0	0.0	0.0	0.0	0.0	0.0	0.0	0.0
住宅用地	0.0	0.0	0.0	0.0	0.0	0.0	7.5	0.0	0.0	0.0
交通运输用地	0.0	0.0	0.0	0.0	0.0	0.0	0.0	62.5	0.0	0.0
水域及水利设施用地	0.0	0.0	0.0	0.0	0.0	0.0	0.0	0.0	43.7	0.0
其他土地	0.0	0.0	0.0	0.0	0.0	0.0	0.0	0.0	0.0	190.5

十八大以来，当地政府高度重视生态环境保护工作，进一步明确保护区属地管理责任、强化部门执法联动的机制，以"绿盾"专项行动为契机，全面排查开矿、

采石、开垦等破坏林地资源的人类活动，目前所有矿山及开采点已全部退出自然保护区。同时，在保护区范围内开展保护区勘界立标工作，安装大型警示牌、宣传牌 30 余块，设置围栏 1 500 m。目前保护区内所有矿点及人为破坏的林地已全部进行了植被恢复，恢复面积达 7 000 余亩。

二、植被覆盖度变化分析

（一）数据与方法

1. 数据处理

遥感数据主要采用 MODIS NDVI 数据集，MODIS NDVI 数据集来自于美国国家航天局（NASA）提供的 2016—2021 年河南省 MOD13Q1 级栅格化的 NDVI 数据产品（https：//adsweb.nascom.nasa.gov/），空间分辨率为 250 m，时间分辨率为 16 d，选取研究区 2016 年、2019 年和 2021 年的 NDVI 数据。

利用针对 MODIS 影像处理软件 MRT（Modis Reprojection Tool）工具和 Envi5.3 软件对影像进行批量的镶嵌、投影转换（这里统一运用 WGS _ 1984 _ Albers 投影）、裁剪等预处理工作，将每月两景的不同时相影像数据采用国际最大合成法 MVC 计算得到每月最大的 NDVI 数据，为消除大气中的云、水汽和气溶胶对影像的影响，月最大化的 NDVI 值还原没有地表真实的 NDVI 值，然后通过高乐山自然保护区边界矢量文件裁剪得到河南高乐山国家级自然保护区 2016—2021 年时间序列的 NDVI 数据集。

2. MVC 最大合成法和像元二分法

像元二分模型（Pixel dichotmmy model,PDM）在植被覆盖的估算中是一种简单实用的模型，从像元角度看，像元被分为纯净像元和非纯净像元，纯净像元一般只含一种地物类型，混合像元则包含多个地物类型。像元二分法假设一个地表像元由有植被覆盖部分与无植被覆盖部分地表所组成，遥感传感器观测到的光谱信息也由这 2 个组分因子线性加权合成，各因子的权重是各自的面积在像元中所占的比率。下面是改进的像元二分模型：

$$VFC = (NDVI - NDVI_{soil}) / (NDVI_{veg} - NDVI_{soil}) \qquad ①$$

其中，$NDVI_{soil}$ 为完全是裸土或无植被覆盖区域的 NDVI 值，$NDVI_{veg}$ 则代表完全被植被所覆盖的像元的 NDVI 值，即纯植被像元的 NDVI 值。两个值的计算公式为：

$$NDVI_{soil} = (VFC_{max} \cdot NDVI_{min} - VFC_{min} \cdot NDVI_{max}) / (VFC_{max} - VFC_{min}) \qquad ②$$

$$NDVI_{veg} = [(1-VFC_{min}) \cdot NDVI_{max} - (1-VFC_{max}) \cdot NDVI_{min}] / (VFC_{max} - VFC_{min}) \qquad ③$$

利用这个模型计算植被覆盖度的关键是计算 $NDVI_{soil}$ 和 $NDVI_{veg}$。这里有两种假设：

（1）当区域内可以近似取 VFC_{max}=100%，VFC_{min} = 0%。

公式 ① 可变为：

$$VFC = (NDVI - NDVI_{min}) / (NDVI_{max} - NDVI_{min}) \qquad ④$$

$NDVI_{max}$ 和 $NDVI_{min}$ 分别为区域内最大和最小的 NDVI 值。由于不可避免地存在噪声，$NDVI_{max}$ 和 $NDVI_{min}$ 一般取一定置信度范围内的最大值与最小值，置信度的取值主要根据图像实际情况来定。

（2）当区域内不能近似取 VFC_{max} = 100%，VFC_{min} = 0%。当有实测数据的情况下，取实测数据中的植被覆盖度的最大值和最小值作为 VFC_{max} 和 VFC_{min}，这两个实测数据对应图像的 NDVI 作为 $NDVI_{max}$ 和 $NDVI_{min}$。当没有实测数据的情况下，取一定置信度范围内的 $NDVI_{max}$ 和 $NDVI_{min}$。VFC_{max} 和 VFC_{min} 根据经验估算。

3. 植被覆盖的年际变化均值分析

将最大合成法计算得到的每月 NDVI 值求每年的平均 NDVI 以年平均归一化植被指数（NDVI）代表每年的实际归一化植被指数（NDVI），在利用年平均归一化植被指数通过混合像元二分法计算后所得到的植被覆盖数据 VFC，对每年的 VFC 求每年的年平均 VFC_i，以此反映河南高乐山国家级自然保护区的植被覆盖的空间的分布特征。

（二） 植被覆盖度变化分析

通过遥感数据解译及空间分析，本研究获取了河南高乐山国家级自然保护区 2016 年、2019 年和 2021 年的植被覆盖度。在此基础上，进一步对各年的植被覆盖度数据进行定量统计，具体如下所示。

1. 2016 年植被覆盖度情况

2016 年河南高乐山国家级自然保护区植被覆盖度平均值为 77.52%，最小值为 51.58%，最大值为 79.34%。植被覆盖度大于 75% 的区域主要分布在保护区中部、东侧边缘地带。

2. 2019 年植被覆盖度情况

2019 年河南高乐山国家级自然保护区植被覆盖度平均值为 84.38%，最小值为 53.22%，最大值为 93.44%。植被覆盖度大于 80% 的区域主要分布在保护区东部、中部、南部。

3. 2021 年植被覆盖度情况

2021 年河南高乐山国家级自然保护区植被覆盖度平均值为 94%，最小值为 55.46%，最大值为 96.54%。植被覆盖度大于 85% 的区域主要分布在保护区东部、中部、南部。

（三）植被覆盖度变化趋势分析

河南高乐山国家级自然保护区植被覆盖度总体呈现较高水平，均值均在 79% 以上，这说明保护区内植被长势较好。2016 年以来，保护区植被覆盖度呈逐年上升趋势，2021 年植被覆盖度均值较 2016 年上升了 16.48%（见表 5-13）。

表 5-13 河南高乐山国家级自然保护区植被覆盖度变化　　　　　　　　%

年份	植被覆盖度最小值	植被覆盖度最大值	植被覆盖度平均值
2016	51.58	79.34	77.52
2019	53.22	93.44	84.38
2021	55.46	96.54	94.00

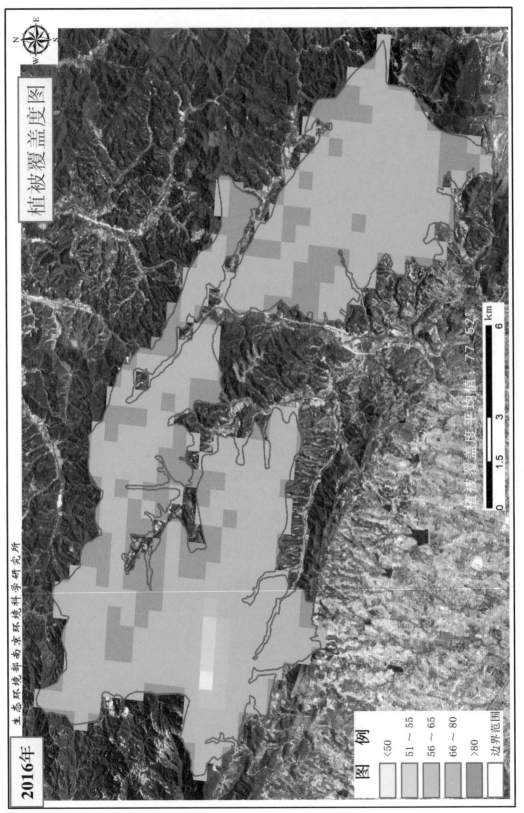

2016 年河南高乐山国家级自然保护区植被覆盖度空间格局

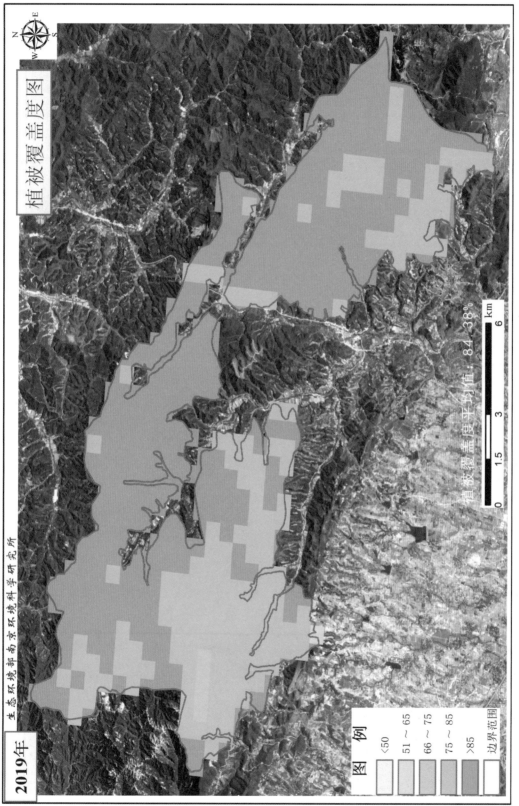

2019年河南高乐山国家级自然保护区植被覆盖度空间格局

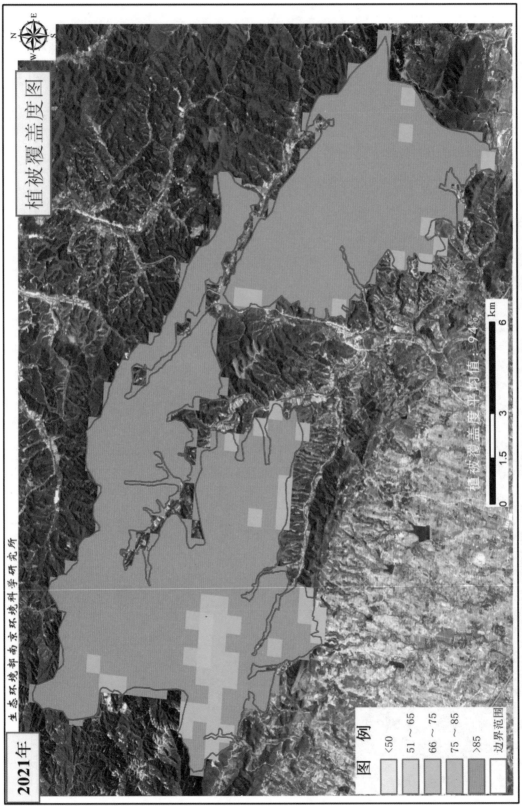

2021年河南高乐山国家级自然保护区植被覆盖度空间格局

第四节 环境空气质量评估

　　桐柏高乐山省级自然保护区建立后，由于保护区管理体制不健全、资金配套不到位、维权管护无执法权等种种因素影响，保护区内多种矿藏粗放无序地开采，生态环境遭到破坏。2016 年以来，保护区管理局下大力气进行整治，特别是 2017年全国环境保护督察专项活动开展以来，矿、厂治理进入攻坚阶段。在当地政府的支持和执法部门的配合下，关闭查封矿山坑口 45 个，拆除矿山设施 20 余处，并累计投入 1 700 万元进行生态修复，自然保护区恢复了勃勃生机，重披绿装，空气质量、生态环境大为改善。

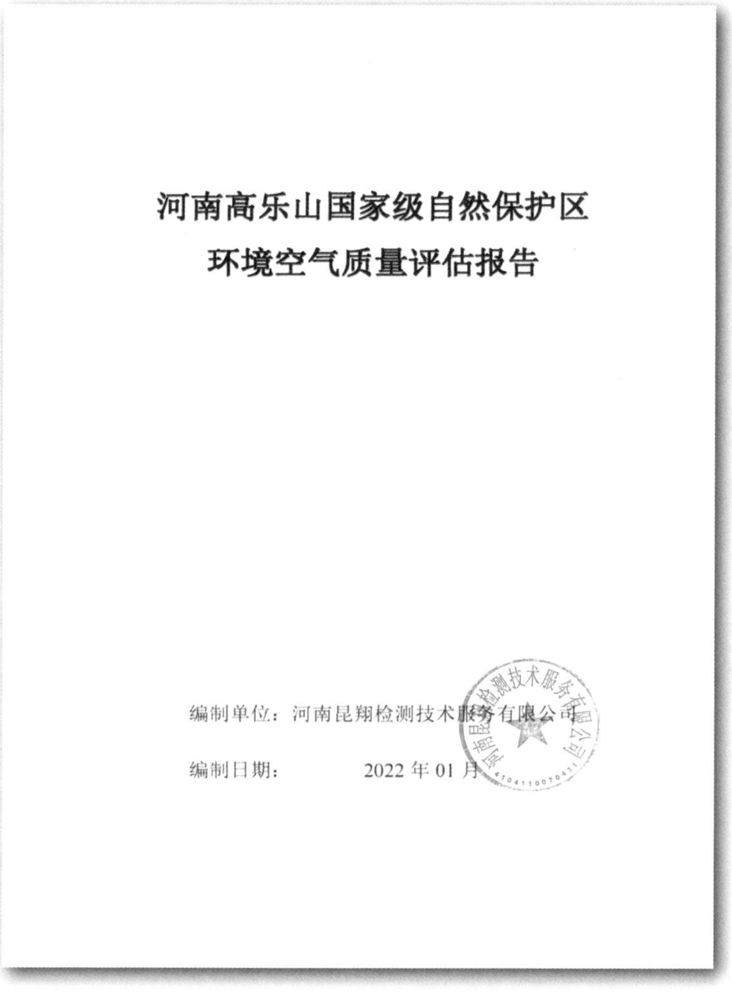

河南高乐山国家级自然保护区

环境空气质量评估报告

编制单位：河南昆翔检测技术服务有限公司

编制日期：　2022 年 01 月

为持续有效保护高乐山自然保护区环境治理成效，自然保护区管理局秉持科学监测、精准施策的方针，与河南昆翔检测技术服务有限公司开展了保护区环境空气质量监测评估，以高度负责的工作态度，用实事求是的精准数据，为社会提供优质的空气环境，让更多的人们感到神清气爽、身心愉悦，感受到高乐山自然保护区的治理成效。

一、环境空气质量参考标准

环境空气污染物浓度限值参考《环境空气质量标准》（GB 3095-2012），见表 5-14。

表 5-14 环境空气污染物浓度限值

序号	污染物	平均时间	浓度限值		单位
			一级	二级	
1	总悬浮颗粒物（TSP）	24 h	120	300	$\mu g／m^3$
2	PM_{10}	24 h	50	150	
3	$PM_{2.5}$	24 h	35	75	
4	二氧化硫（SO_2）	24 h	50	150	
		1 h	150	500	
5	氮氧化物（NO_x）	24 h	100	100	
		1 h	250	250	
6	一氧化碳（CO）	24 h	4	4	$mg／m^3$
		1 h	10	10	

负氧离子浓度等级评价参考中华人民共和国林业行业标准《空气负（氧）离子浓度观测技术规范》（LY/T 2586—2016），见表5-15。

表 5-15 空气负（氧）离子浓度等级划分

序号	等级	空气负（氧）离子浓度（n，个/cm³）	说 明
1	1	$n \geqslant 3\,000$	优
2	2	$1\,200 \leqslant n < 3\,000$	
3	3	$500 \leqslant n < 1\,200$	
4	4	$300 \leqslant n < 500$	↓
5	5	$100 \leqslant n < 300$	劣
6	6	< 100	

二、环境空气检测内容及检测结果

河南昆翔检测技术服务有限公司受河南高乐山国家级自然保护区管理局委托，对河南高乐山国家级自然保护区环境空气质量进行了检测（4次/a），检测内容及结果详见表5-16~表5-18。

表 5-16 环境空气质量检测内容一览表

检测点位	检测项目	检测频次及周期
榨楼保护站、南小河保护站、吴山保护站	二氧化硫、氮氧化物、一氧化碳、总悬浮颗粒物、PM_{10}、$PM_{2.5}$	二氧化硫、氮氧化物、一氧化碳测小时值，4次/d，检测3d；二氧化硫、氮氧化物、一氧化碳、总悬浮颗粒物、PM_{10}、$PM_{2.5}$测24h值，每日采样24h，检测3d（4次/a）
	负氧离子	4次/d，检测1d（4次/a）

表 5-17 环境空气质量检测结果一览表

检测项目	2021 年环境空气质量		
	榨楼保护站	南小河保护站	吴山保护站
二氧化硫 /（μg/m³）	7	8	7
氮氧化物 /（μg/m³）	7	8	8
一氧化碳 /（mg/m³）	0.6	0.6	0.6
总悬浮颗粒物 /（μg/m³）	44	43	44
PM_{10}/（μg/m³）	29	28	28
$PM_{2.5}$/（μg/m³）	18	18	18

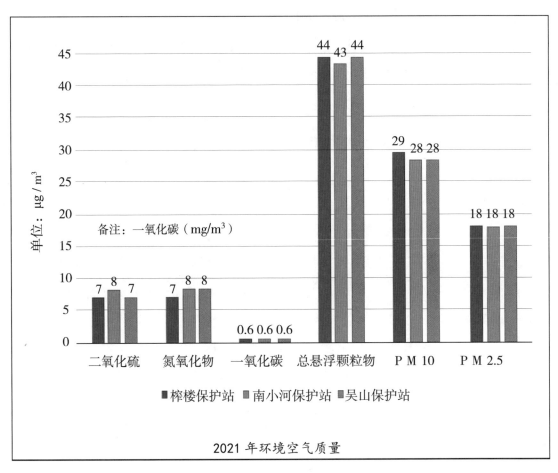

2021 年环境空气质量

表 5-18 负氧离子测量结果一览表 　　　　单位：个 /cm³

采样时间	榨楼保护站	南小河保护站	吴山保护站
2021 年	8 632	8 936	10 284

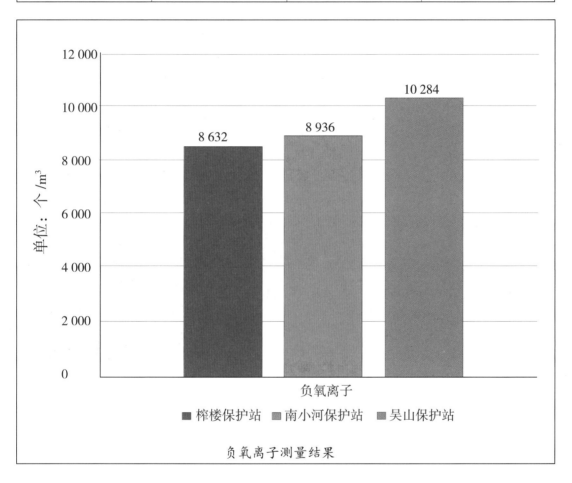

负氧离子测量结果

三、检测结果分析

根据环境污染物检测数据结果分析，总悬浮颗粒物（TSP）、PM$_{10}$、PM$_{2.5}$、二氧化硫（SO$_2$）、氮氧化物（NO$_x$）、一氧化碳（CO）24 h 平均值均达到一级浓度限值；二氧化硫（SO$_2$）、氮氧化物（NO$_x$）、一氧化碳（CO）1 h 平均值均达到一级浓度限值。根据《环境空气质量标准》（GB 3095—2012）中的相关规定，河南高乐山国家级自然保护区环境空气质量达到一类功能区，空气污染指数 API 小于 50，空气质量级别为 I，空气质量状况为优。

根据负氧离子测量结果分析，负氧离子评价时段平均浓度、最高浓度和极值浓度均达到Ⅰ等级，等级划分为优。据有关负氧离子环境学家科学研究结果可知，河南高乐山国家级自然保护区环境空气可使人们会感到心态平和、神清气爽、呼吸顺畅，同时，可以增强人体免疫力、抗菌力等。

进行空气数据监测

第六章 使命担当 砥砺奋进再出发

一、践行初心，聚力展现责任担当

河南高乐山国家级自然保护区晋升的 5 年，是不平凡的 5 年，是曲折艰辛的 5 年，是成效丰硕的 5 年。矿区治理重披绿，生态修复还青山。2017 年第一轮中央环境保护督察以来，保护区管理局高度重视中央环保督察组反馈意见的整改工作。坚决按照上级党委、政府决策部署，坚定信心，勇于作为，用实际行动表明对保护区生态环境整治的决心和魄力，强力推动环保督察反馈问题整改，有序开展生态治理修复工程，80 余个违建项目全部整改到位。缓冲区和实验区累计退出种植养殖面积 2 000 亩，拆除违建面积 68.8 万 m²，采取人工种植和自然恢复措施先后完成修复总面积达 7 000 余亩。同时，通过栽立防护界桩、开挖隔离沟、设置隔离网全区域封禁保护等措施，有效防止、减少人为活动以及牲畜的践踏。在此基础上，积极争取资金，投入人员、物力、财力，开展了保护区道路、房屋等基础设施的建设工作。目前已建立保护站房舍 1 处，购置无人机 3 部、红外照相机 40 部，重点区域布设了监控探头，使全区域实现空间立体化、管理常态化、巡护全覆盖的管护模式，提高了保护区建设水平。通过日常巡查、联合执法、督查检查等多种形式的执法监察活动，依法加强自然资源管理，有效防范保护区内违法行为的发生，全面实现了高乐山自然保护区 2017—2021 年 5 年规划目标任务，促进了生态系统和自然资源的良性循环，生态环境质量得到了根本的改善。青山不语花含笑，绿水无声鸟作歌。随着一处处生态修复项目的竣工，一条条生态保护措施的落实，保护区内千疮百孔的面貌焕然一新，一幅幅山清水秀、鸟语花香的美丽画卷展现开来。在这些成绩的背后，凝聚着保护区管理局集体智慧和果敢的决策，镌刻着全局职工辛勤的奋斗画面和艰苦卓绝的拼搏精神，书写了保护区人对生态建设的支持与奉献。

成绩只是起点，荣誉催人奋进。回顾过去历程，成绩面前，我们当之无愧。展望未来前景，面对挑战，我们充满信心。毛集林场60年的发展给我们传承了优良传统，同时铸就了"顾全大局，甘于奉献的家国情怀；不计得失，团结协作的优良作风；求真务实，努力钻研的科学态度；耐得住寂寞，守得住清贫的君子风范"的新时代保护区精神。它将成为生态坚守的精神脉络，永远印记在保护区的每一寸土地上。高乐山国家级自然保护区的成立，给未来的发展带来了新的机遇和希望，责任和使命需我们义无反顾去担当，嘱托和期盼要我们尽职尽责去履行。新时期生态文明建设已经纳入中国特色社会主义"五位一体"总体布局，"绿水青山就是金山银山"的理念和"山水林田湖草沙是一个生命共同体"的理念，对自然保护工作提出了更高、更新的要求。时光荏苒，初心永恒，保护区精神将激励我们一如既往，继续负重前行，激流勇进，不断开拓创新。在充满挑战、充满希望的新时代征程中，用无限的激情展现新气象，以饱满的活力担当新作为，以实干的态度、苦干的姿态、齐心协力接续奋斗，用聪明智慧和勤劳的双手，描绘新蓝图，谱写新华章。

二、描绘蓝图，科学编制总体规划

按照国家林业和草原局、河南省林业局的相关要求，为不断提升国家级自然保护区科学化、制度化、规范化、精细化管理水平，为保护区长远发展提供纲领性指导文件。2017年，河南高乐山国家级自然保护区管理局委托国家林业局调查规划院技术团队承担《河南高乐山国家级自然保护区总体规划（2017—2026）》（简称《总体规划》）编制工作，对资源保护、项目建设、科研监测、区社共建、科技宣传教育、可持续发展等方面进行全面规划。严格按照国家相关政策法规和技术规范规程，依据保护区现有分区范围进行设计，并广泛征求桐柏县人民政府、桐柏县林业局等相关职能部门以及有关专家的意见和建议，确保编制的总规划具有科学性、前瞻性、先导性和实用性，为保护区建设管理的科学、规范奠定基础。

《总体规划》以习近平新时代中国特色社会主义思想为指导，全面贯彻落实党的十九大和十九届二中、三中、四中、五中全会精神和习近平总书记"绿水青

2017 年，国家林业局调查规划院与河南高乐山国家级自然保护区管理局双方相关领导和专家在北京召开商讨会，制订 2017—2026 年高乐山自然保护区总体规划。

山就是金山银山"的理念，遵循"保护优先、科学修复、适度开发、合理利用、持续发展"的原则，以"保障区域生态安全、维持生态系统平衡"为出发点，以维护保护区内的生物多样性，保证保护区内当地典型原生植被尤其是国家重点保护物种的稳定性，有效保护淮河源的水源涵养林和辖区内珍稀野生动植物资源及其生态环境安全"为目标，建立健全生物多样性保护、恢复、利用相结合的监督管理体制，提升保护区能力建设，推进保护区内暖温带南缘、桐柏山北支的典型原生

河南高乐山国家级自然保护区

总 体 规 划

(2017—2026 年)

国家林业局调查规划设计院
河南高乐山国家级自然保护区管理局
二〇一七年六月

植被、珍稀野生动植物及其栖息地以及淮河源水源涵养林的管理工作步入良性循环轨道。

完善保护管理机构和机制，广泛开展科研监测和宣传教育活动，建立符合当地实际的综合性保护管理体系，提高公众的保护和参与意识，引导社会团体和基层群众共同参与生物多样性的监测与保护，为保护区发展提供科技支撑和良好环境，有序推进保护区发展规划进程，确保重要生态系统、生物物种及遗传资源发展的健康与稳定，推动人与自然、经济社会与生态环境的和谐共生、协调发展。

加快保护区基础设施建设，逐步改善工作环境，加强森林病虫害和自然灾害防治能力，建设森林防灭火体系；推进保护区智能化管理系统建设，不断提升保护区数字化、信息化管理水平，努力构建功能分区合理、基础设施完备、管理水平高效、科研监测手段先进的保护区高质量发展新格局。

坚持科学管理、永续利用原则，在全面保护的前提下，适度开展可持续发展项目，使之与当地经济发展相协调，促进生物资源可持续利用技术的研发与推广，科学、合理和有序地利用生物资源，提高保护区自养能力和可持续发展能力，推动生态文明建设，实现人与自然的和谐及自然保护事业和当地社会经济的可持续发展总体目标。

《总体规划》实施5年来，保护区管理局循序渐进，多头并进，按照规划布局积极开展项目建设。保护区管理体系基本形成，保护区管理用房、巡护道路等基础设施正加快筹建；相应的办公设施、科研监测、防火设备正逐步完善配备；初步完成8～10个区域的生物多样性本底调查与土地利用评估，并对部分生物物种资源实施有效监控；使重点区域生物多样性下降的趋势得到有效遏制，使90%的国家重点保护物种和典型生态系统类型得到健康稳定发展。未来发展中，保护区人将始终保持昂扬奋进的精神状态，进一步完善保护管理、科研监测、宣传教育与基础设施建设，全面完成生物多样性保护优先区域的本底调查与评估，并实施全覆盖有效监控；基本建成布局合理、功能完善的自然保护区体系，使保护区生态系统、物种和遗传多样性全面得到有效保护，促进保护区与社区协调发展，人与自然和谐共生，为下一步全面深化保护区创新发展注入新的强大动力。

三、砥砺奋进，赓续谱写绿色新篇

起跑决定后势，开局关系全局。2022—2026 年是高乐山保护区全面实施《总体规划》的关键 5 年，是深入持续做好各项事业高质量、创新发展的 5 年。这是自然保护区不断发展和崛起的时代，这是自然保护区蕴含活力和奋进的起点。蓝图已绘就，使命在催征，这是历史赋予的机遇，也是新时代搭建的舞台。处在两个一百年交汇点的高乐山自然保护区，正勇立时代潮头。保护区管理局将进一步坚定信心，激流勇进，以奋斗为舟、拼搏为桨，以保护区精神为支撑，奋楫扬帆，逐梦前行。以只争朝夕、时不我待的紧迫感，以饱满的政治热情和强烈的使命感，紧紧围绕保护区资源管护为重心，进一步巩固保护区建设成果，坚持生态修复不放松，笃定保护青山不动摇，以保护生态环境为己任，视森林资源安全为根本，不忘植树造林之初心，牢记生态安全之使命，立足当前，着眼长远，抓住机遇，乘势而为，不断探索和努力，用科技兴林护林，紧跟科技发展潮流，用心用情用力守护绿水青山，倾力打造高质量绿色发展高乐山自然保护区。坚持保护优先、自然恢复为主，遵循自然生态系统演替和地带性分布规律，充分发挥生态系统自我修复能力，扎实推进生物多样性保护工程。持续加大监督和执法力度，进一步提高保护能力和管理水平，加强生物多样性保护能力建设、队伍建设和基础设施建设；加强宣传引导，形成全社会共同参与淮河源生物多样性保护的良好局面，确保重要生态系统、生物物种、生物遗传资源和栖息环境得到全面保护，努力将资源丰富的森林生态系统建成完整的自然生态博物馆、生物多样性保护基地和物种基因库、科研教学实习基地、保护管理示范区，使森林生态系统保护更加的规范化、科学化、现代化，促进各项工作实现常态化、信息化、智能化。在实现高乐山自然保护区绿色发展进程中，勇于闯新路、奋力开新局，用努力成就新作为，用奋斗建功新时代。

新时代是充满希望和奋斗的时代，新征程是充满光荣和梦想的远征。习近平新时代中国特色社会主义思想新的思路、新的举措，绘就了新征程的宏伟蓝图，中华大地上到处澎湃着奋斗圆梦的热潮，激荡人心，催人奋进。新的征程上，保护区管理局将举众人之力，集各方之智，凝聚磅礴力量，高举中国特色社会主义伟大旗帜，贯彻落实习近平新时代中国特色社会主义思想，自强自信，守正创新，撸起袖子加油干，风雨无阻向前行，齐心协力，昂扬奋进，为维护国家生态安全、促进人与自然和谐、保障社会经济全面协调可持续发展贡献新的更大力量；为筑牢淮河源头重要生态屏障，建设山清水秀美丽桐柏做出新的更大努力；为振兴河南高乐山国家级自然保护区各项事业的创新发展接续新的更大作为，奋力谱写新时代更加出彩的绚丽篇章。

奋进新征程 绘就新画卷

编后记

《河南高乐山国家级自然保护区发展纪实（2016—2021）》（以下简称《纪实》），经过全体编纂人员的共同努力，已完成编纂付梓。这是继《毛集林场志》出版之后的又一部历史性专著，是河南高乐山国家级自然保护区管理局（毛集林场）文化建设的又一项丰硕成果。

2021年2月，保护区管理局成立《纪实》编纂委员会，下设编写组，研究制订资料收集、条目选定方案；3月，编纂工作全面进入初稿编写阶段。

在编写中，坚持叙述明确，实事求是，采用文章和图片两种体裁编写，全面、客观地记载了申报、治理、修复、保护、科考等各方面情况，插以照片前后对比，真实反映出保护区的建设成效。2021年11月底完成初稿；12月，由局班子、相关股室等进行初稿评审。2022年1—7月，收集整理图片；8—10月，再经充实、修改，完成审定稿。

《纪实》的编纂，得益于有关单位和个人文字资料、图片的参考与摘用，得益于局领导的高度重视和正确指导，并亲自参与编写，得益于各相关部门的大力协助，在此一并致以由衷的感谢。

由于保护区发展刚进入探索阶段，原始资料积累还不够丰厚，现场照片拍摄欠佳，加上时间仓促，因此《纪实》内容不够充实。同时，由于我们编纂水平有限，定有疏漏和不足之处，诚请各位读者指正。

河南高乐山国家级自然保护区发展纪实编纂委员会

2022年10月